IN YOUR CREATIVE ELEMENT

我是创霸

62法激活你自带的创新元素

（英）克莱尔·布里奇斯　著
张嘉俊　肖　琼　译

SPM
南方出版传媒
广东经济出版社
·广州·

图书在版编目（CIP）数据

我是创霸：62 法激活你自带的创新元素 /（英）克莱尔·布里奇斯著；张嘉俊，肖琼译. —广州：广东经济出版社，2018.9
ISBN 978-7-5454-6341-5

Ⅰ. ①我… Ⅱ. ①克… ②张… ③肖… Ⅲ. ①创造能力-普及读物 Ⅳ. ①G305-49
中国版本图书馆CIP数据核字(2018)第132325号

出 版 人：李 鹏
责任编辑：陈念庄 黄 炘
责任技编：许伟斌

我是创霸：62 法激活你自带的创新元素
Wo shi Chuangba：62 Fa Jihuo Ni Zidai de Chuangxin Yuansu

出版发行	广东经济出版社（广州市环市东路水荫路 11 号 11～12 楼）
经销	全国新华书店
印刷	珠海市鹏腾宇印务有限公司 （珠海市拱北桂花北路 205 号 1 栋 1 层、3 层厂房）
开本	889 毫米×1194 毫米 1/32
印张	9.25
字数	207 000 字
版次	2018 年 9 月第 1 版
印次	2018 年 9 月第 1 次
印数	1～5 000 册
书号	ISBN 978-7-5454-6341-5
定价	45.00 元

如发现印装质量问题，影响阅读，请与承印厂联系调换。
发行部地址：广州市环市东路水荫路 11 号 11 楼
电话：(020)38306055 邮政编码：510075
邮购地址：广州市环市东路水荫路 11 号 11 楼
电话：(020)37601980 邮政编码：510075
营销网址：http://www.gebook.com
广东经济出版社常年法律顾问：何剑桥律师

献给詹姆斯和卢卡

创意元素周期表

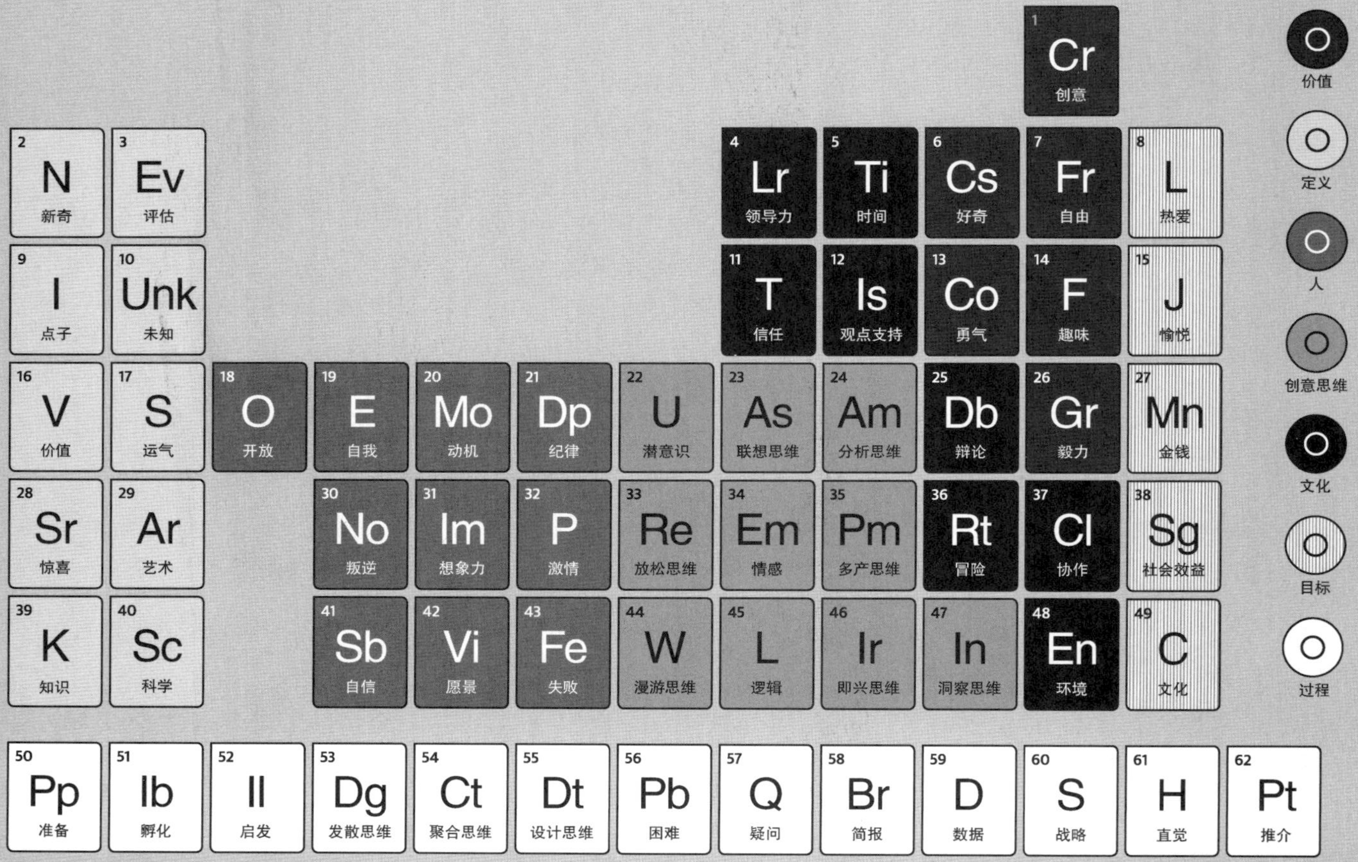
1 Cr 创意
2 N 新奇
3 Ev 评估
4 Lr 领导力
5 Ti 时间
6 Cs 好奇
7 Fr 自由
8 L 热爱
9 I 点子
10 Unk 未知
11 T 信任
12 Is 观点支持
13 Co 勇气
14 F 趣味
15 J 愉悦
16 V 价值
17 S 运气
18 O 开放
19 E 自我
20 Mo 动机
21 Dp 纪律
22 U 潜意识
23 As 联想思维
24 Am 分析思维
25 Db 辩论
26 Gr 毅力
27 Mn 金钱
28 Sr 惊喜
29 Ar 艺术
30 No 叛逆
31 Im 想象力
32 P 激情
33 Re 放松思维
34 Em 情感
35 Pm 多产思维
36 Rt 冒险
37 Cl 协作
38 Sg 社会效益
39 K 知识
40 Sc 科学
41 Sb 自信
42 Vi 愿景
43 Fe 失败
44 W 漫游思维
45 L 逻辑
46 Ir 即兴思维
47 In 洞察思维
48 En 环境
49 C 文化
50 Pp 准备
51 Ib 孵化
52 Il 启发
53 Dg 发散思维
54 Ct 聚合思维
55 Dt 设计思维
56 Pb 困难
57 Q 疑问
58 Br 简报
59 D 数据
60 S 战略
61 H 直觉
62 Pt 推介
关键元素
价值
定义
人
创意思维
文化
目标
过程

关于作者

克莱尔·布里奇斯是顶级创意培训咨询公司——即刻创意 Now Go Create[①] 的创始人兼首席创意咨询师，其公司的宗旨是“人人皆有创意”。

本书是克莱尔根据她在创意领域一线工作的20年经验编写而成，而且主要内容来自作者在伦敦大学城市学院卡斯商学院攻读硕士学位期间发表的有关创新、创意和领导力的作品。全球仅有55位创意人士获得此学位，克莱尔是其中之一。

在其20年公关职业生涯中，克莱尔曾在多家全球知名品牌企业中担任总经理兼创意总监，如星巴克、家乐氏、联合利华、宝洁和达能等。克莱尔关注的研究领域主要是：商业创意的实际应用，企业及个人的创意培训。Now Go Create 在全球开办工作坊，提供从三小时到一周时长的创意领导研究项目和课程。

Now Go Create 的客户包括世界知名公关企业、数字媒体机构，如普雷特餐厅、国际拯救儿童基金会、网购平台 ASOS 等。克莱尔参与执行过几千起创意项目，培训过来自世界各地的近万

① Now Go Create：英国创意咨询公司，员工包括世界一流的创意培训师、领导、专家。公司主要业务有商业创意培训、头脑风暴及创意思维指导等。

名精英。

如今，克莱尔是全球各创意奖项热捧的特邀嘉宾、咨询师及评委。每年的戛纳国际创意节上，克莱尔同全球创意专家及顶尖创意人才一起，受邀担任创意培训师。2014 年，克莱尔当选戛纳公关评审团——作为创意领域的最高殊荣的一员，为几千起创意方案提供点评，这是一次极具启发性的工作经历。

其他撰稿人

伊丽莎白·勒维丝有 20 年的领导管理教练经验，曾为世界各地的专业人员提供领导管理培训。伊丽莎白指导企业领导人挖掘自身的创意能力、领导能力和思维能力，使其为各自企业营造出高效、实用的合作文化氛围。

在 IBM① 工作的早期职业生涯中，伊丽莎白根据自身在培训、创意问题解决和过程改进等方面的经验，继续研究功成名就的领导人的行为动机。作为 IBM 的转型改革促进者，她带领由 200 人组成的顾问小组，共同推进企业文化改革。她在各个商业领域都有从业经验，包括零售业、制造业、科技行业、银行业、政府、医疗、创意媒体、社会企业和体育行业等。

伊丽莎白的客户包括众多名企的领导人，如美体小铺、大志杂志、itsu②、英国独立电视台、Kahoot!③、Charlie Bigham's④、

---

① IBM：International Business Machine，（美国）国际商业机器公司。

② itsu：英国连锁快餐品牌，主打低卡路里健康食品，供应沙拉、寿司和面条等，店面主要分布在伦敦。

③ Kahoot!：英国和美国苹果应用商店中下载量最大的教育应用程序。

④ Charlie Bigham's：1996 年由查理斯创建的私家厨房，主打高品质菜品，现有两家店面，分别位于伦敦和威尔士。

CookFood①、普雷特餐厅、英国橄榄球联合会和 WPP 集团②。伊丽莎白出版了工作手册——《天才养成记》（*Facilitating Genius*），目前正在撰写有关领导管理的第二本书。

凯特·麦基，作家、编辑兼商业记者，过去 10 年专注报道广告、通讯、公关、市场营销、社会趋势和创意力等领域。她曾为《BBC 新闻》《品牌共和国》、*Campaign* 杂志③（亚洲、英国、美国）、《市场营销》和《今日管理》杂志撰稿。凯特还参与若干自由撰稿人项目（比如担任本书的撰稿人）。目前，她在广告业最具影响力的 *Campaign* 杂志担任网站、周刊和平板应用程序的舆情分析主管。凯特曾任《公关周刊》的副主编，负责所有长篇报道和品牌特别项目。她接受过 BBC 第 4 频道《今日》栏目、天空新闻台和《卫报》的采访。

本·马蒂诺格博士，神经系统科学家兼科学作家，他已在脑发育学术研究的前沿领域钻研了 15 年之久。如今，他是伦敦弗朗西斯·克里克研究所的访问研究员。近期，本博士走出实验室，转身投入写作之中。在好奇心的驱使下，本博士开始向公众解释深奥的科学观点。他的作品见诸《卫报》《金融时报》等纸媒和网络。他为《金融时报》定期采访了从纳斯爵士到珍·古德尔等众多知名科学家，为创新杂志《长 + 短》定期撰写科学和发

① CookFood：英国连锁餐饮品牌，主打家常菜和烹饪体验，目前在英格兰、苏格兰和威尔士共有 84 家分店。

② WPP 集团：全球最大广告传播集团之一，总部设在伦敦。

③ *Campaign* 杂志：成立于 1974 年，为全球传播、营销、广告、公关等媒体界的重要刊物，拥有亚太、印度、中东、英国四个纸质版及电子版。该杂志除了举办广告业务各类峰会、培训和颁奖活动外，还定期发布行业报告、创意排名、亚太榜首品牌及代理商名录。

明专题文章。本博士也是当今大受追捧的演说家。本博士参加了切尔滕纳姆科学节，并在韦尔科姆收藏馆和生活学院分享了他在神经科学创新力方面的观点。

迈克·皮克，记者兼网页内容咨询师，有25年的报纸和国家级杂志工作经验。来到伦敦之前，他曾在英国西北部家乡附近的一家当地周报社做专访记者，随后，一家服装杂志社以名人访谈和全球旅行为诱饵，吸引他到伦敦工作了10余年。后来他为红极一时的《男人装》杂志撰写专题报道，他在职的5年是公认的《男人装》杂志社最辉煌的5年，随后杂志社倒闭封刊。2006年，为寻求一种远离都市的生活，迈克离开伦敦。目前，他担任多家媒体的自由撰稿人，从《每日电讯报》《星期日泰晤士报》《哈罗兹》到《乡村生活》，他已有10年的自由撰稿经历。近期，迈克正筹备《另一部》电影剧本，这部电影是针对儿童的作品。

致 谢

感谢所有为本书提供研究成果、深刻见解和访谈内容的人。知识（Knowledge）和协作（Collaboration）两个关键词诠释了这本书的出版过程，尤其是与本·马蒂诺格博士、伊丽莎白·勒维丝、凯特·麦基和迈克·皮克的合作，使我深有感触。感谢你们的妙笔生花，感谢你们的指导、见解和全力协助。

真诚感谢分享了自己的故事和宝贵经验的创意人才和创新者。特别感谢杰姬·林顿讲述了自己的励志故事，感谢联合广告公司的格里·霍普金森和尼克·丹允许我四下走访，体验贵公司的创意文化氛围。

以下为书中所有受访者名单，感谢你们：

迈克尔·阿克顿·史密斯（Mind Candy 儿童游戏公司）

菲利克斯·巴雷特（Punchdrunk 剧团[①]心灵糖果博彩）

克莱尔和鲁伯特·卡伦德（绿色葬礼公司）

温蒂·克拉克、基思·莱因哈德（恒美广告公司）

布鲁斯·戴斯利（推特网）

---

① Punchdrunk 剧团：英国互动剧团，成立于 2000 年，因戏剧《不眠之夜》而闻名。

哈里·德罗米（第 4 频道）
凯利·芬尼根（人与野兽）（该公司提供出色的视觉效果服务）
克里斯·加勒里（“母亲”广告公司）
辛迪·盖洛普（“如果我们来管理这个世界”网站）
阿里夫·哈克（感染力传媒咨询公司）
杜安·霍兰（杜安·霍兰创意公司）
格里·霍普金森、尼克·丹（联合广告公司）
杰森·休斯（天空媒体）
萨拉·琼斯（伦敦大学城市学院卡斯商学院）
杰姬·林顿（IHOP 餐饮品牌）
维姬·马奎尔（蕾瑞伦敦广告公司）
桑迪·米德尔顿（锐思博德公共关系咨询公司）
阿娜希塔·米利根、拉姆齐·穆特兰（奥美迪拜广告公司）
达米安·纽曼（英国中央机构）
佩特拉·萨默尔（凯旋公关）
达蒙·斯达特（“恶作剧”公关公司）
马特·特里内蒂（“逃离学校”咨询公司）
约翰·霍德里、约翰·惠斯顿（英国独立电视台）
斯图尔特·依德斯里（“三只猴子”公关公司）

在学术领域方面，真诚感谢伦敦大学城市学院卡斯商学院创新创意和领导专业的研究生们。若没有她们的帮助，本书便不会顺利出版。尤其感谢萨拉·琼斯博士对前几版书稿提出的广泛指导和建议，以及对后几版书稿的持续关注。感谢玛丽·安·柯南在出版方面给予的帮助和鼓励。感谢克莱夫·霍萨姆教授为“创意之旅”播下希望的种子。感谢安迪·威尔金斯根据英国皇家采购与供应学会的相关人员 20 年的工作经验总结出一套正式框架。

感谢朋友们和同事们。感谢阿娜希塔提供的资金驱动建议及实用资源。感谢露西·弗兰西斯担任我的副手，为我代理事务。感谢母亲珍妮·布里奇斯的通读和校对。

感谢新老客户分享自己的逸闻趣事并提供帮助，包括普雷特公司的伊恩·沃森和山姆·雷德曼。感谢支持者和读者，感谢里米·阿特瓦、杰森·普利特和斯图尔特·依德斯里的反馈和补充，促使内容精益求精。感谢戛纳国际创意节的史蒂夫·莱瑟姆帮我找到此次研究所需的档案资料。当然，还要感谢柯根图书出版有限公司的珍妮和夏洛特，感谢你们为出版本书所付出的努力和热情。

以真诚的感谢和爱献给我的伴侣詹姆斯，感谢他在本书创作过程中自始至终的鼓励并扮演参谋的角色。

感谢每一个人！希望你们喜欢这本书，它包含着每个人的心血。

序　言

写作目的及应用指南

商业创意从何而来？从一开始，这就是本书关注的问题。创意是主观的，有时让人沮丧，有时让人感到力不从心。

记得我第一次到100强公关公司担任创意负责人时——这家公司是全球最大的广告传播集团之一WPP集团的子公司，创意是其生命——我才意识到，尽管被贴上了“创意大师”的标签，但我根本不了解创意的形成技巧或过程。在随后15年的工作生涯中，我才学会利用直觉来提升创新能力。通过不断地从试验和失误中积累经验教训，不断地学习其他创意之士的优点，我逐步完善了自己的创意技巧。

当上创意总监之后，我依然努力解答接踵而来的疑问：

- 是否有可行途径来提升个人在创意方面的自信、技巧以及激发个人的创意行为？
- 有无现存的途径和工具能够使创意更明显、更持久？
- 如何才能带动团队的创意能力再上新台阶？
- 充满生机的创意文化究竟是什么样子的？
- 指导创意需要哪些条件？

- 神经科学的哪些经验有助于提高你我的创意能力？

我投身于创意研究之中，搜集阅读所有相关材料，学习使用起初我并不认识的那些创意工具。初入创意行业之时，我多么希望自己能有一本《我是创霸》这样的工作手册。这本书就像一位创意助理，教你了解创意产生的条件、原因和方法。

当上创意总监之后，我才真正迷上了创意这一行，于是我前往伦敦大学城市学院卡斯商学院攻读创新创意与领导专业的硕士学位。在创意领域的学术研究有助于我整合以往经验，为之前的“直觉创意法”增添科学性。

通过研究学习和日复一日的训练，我发现对于创意来说，并没有“放之四海而皆准”的方法。每个人都有不同的偏好、认知和生活经验，不同的教育和成长经历，不同的文化语境和工作环境，这些差异都会对创意的形成产生影响。这本书的目的在于分享学者和专家的创意观点，同时讲述我个人的那些有益、无益或是不快的经验。

弥补差距——商业创意案例

如今，创意领域的从业人数达到了英国历史上的最高点。英国有 262 万人从事与创意有关的工作，占总从业人数的 1/12，创意行业每小时的产值达 800 万英镑（英国文化、媒体和体育部，2014），年产值达 714 亿英镑。尽管部分创意类岗位尚未被英国文化、媒体和体育部计算在内，但一项针对全球执行总裁的研究（IBM，2010）表明，创意始终是引领商业发展的关键技能。

世界经济论坛（WEF，2016）把批判思维、解决问题、创意能力、沟通与协作四项技能作为弥补“21 世纪技能差距”的关键因素。同样，好奇、毅力和领导能力等性格特点对解决人才短缺问题尤为重要。

根据美国奥多比公司[①]发布的《创意回报率》报告发现："凡是鼓励创意的公司在收入增长率、市场份额和人才并购等关键经营指标上要优于同行和其他竞争者。"（奥多比，2014）82%的受访者认为创意有助于企业发展，仅有11%的受访者表示所从事的工作与创意有关。另有61%的高级经理表示，所在企业的发展潜力不敌那些重视创意的公司；10%的受访者则认为，所在公司没有任何创意氛围。

你一定听过优步、苹果、谷歌、维京唱片等创意品牌。对于这些开创型企业来说，创意绝非偶然，而是有意为之的过程。任何人都能学习创意，但成功的创意并非源自上百万的商业资本或是列入富时100指数[②]。

我故意选取了包括从小型企业到知名品牌在内的各个行业领域的创意案例。我们都听说过史蒂夫·乔布斯之类的"创意天才"，但对于普通人来说，如何在日常工作中提升创意能力呢？

为帮助读者深入理解"创意"这一主题，本书涵盖三部分：

- 个人创意。
- 团队创意。
- 组织机构的创意文化。

通过每一章节，你会认识到自己的优势之处，进而根据优势提出发展策略。阅读之后，你也会发现自己的盲区。为了激发你的创意潜力，本书还会教你如何利用资本。尽管如此，走出舒适

---

① 奥多比公司：美国Adobe软件公司，著名的图形图像和排版软件的生产商。

② 富时100指数：伦敦金融时报100指数，创立于1984年1月3日，指在伦敦证券交易所上市的最大的100家公司的股票指数。

区才是激发创意的第一步！

怀疑论者认为，创意无法传授且只适用于少数人，认为创意只能是苦苦等待灵光乍现的那一刻。这本书并非为他们所作。我坚信，创意是一门艺术、一门科学，不论你的身份、职业和所在的行业如何，都能找到学习创意的方法，进而营造出理想氛围，构建真正的原创创意。

创意元素周期表

随着人们注意力持续时间的日益缩短及视觉媒体的兴起——从 Instagram① 到符号表情——创意元素周期表以最简洁的视觉方式总结了本书内容。

创意元素周期表体现了科学性和艺术性的碰撞。为了通过已知元素的分类结构体现出未知元素的属性，创意元素周期表整体上参考了 19 世纪德米特里·门捷列夫的化学元素周期表。创意元素周期表为创意概念增添了规则性和逻辑性——有人说这是“暗黑艺术”，也有人说这是科学——同时强调出已知和未知部分。

国家医疗服务制度中的新激进分子和创意思维

为更好地读懂学术研究，更好地利用名人采访所得的有益元

---

① Instagram：照片墙，一款移动端社交应用，以快速、有趣的方式抓拍并能即时分享图片。

素，我特意在若干章节后加入个案研究——有关创意如何在逆境中催生改变的励志故事。在以利润和竞争优势取胜的商业界，很难实现创意思维，因此，试想在全球第五大机构——英国国家医疗服务体系中发起一项激进的草根运动会有多么艰难。然而，以杰姬·林顿为首的几位改革者真的做到了。

作为英国国家医疗服务制度改革负责人，杰姬是推动这一改革的关键人物。这项平民运动呼吁群众公开做出改善医疗服务的承诺。改革当天就收到了 18.9 万份声明，目前这项运动成为一年一度的大事件。国家医疗服务改变日是一项社会运动（敢于对既有制度提出质疑），这项运动始于推特上的一次讨论，后来蔓延到英国其他 10 个城市。

世界顶级创新基金会 NESTA（英国国家科技艺术基金会）将国家医疗服务改变日列入 50 项“新激进分子”行列，并因杰姬维护思想多样性而授予她“反叛思想家”的称号。作为全球唯一的医疗类入围项目，国家医疗服务改变日获得了由《哈佛商业评论》颁发的“领导人无处不在挑战”奖，并因管理创新获得麦肯锡奖。

杰姬是社会活动家兼“讲故事的力量”倡导者。她坚信，目的明确的生活方式能够带来巨大的成就。杰姬乐于分享她自己的故事——表现勇气、毅力和坦率等创新元素的感人故事。

内容结构和阅读指南

本书的内容安排适合读者根据自己的心情、需求和注意力长短选择性地阅读。本书的目的是为了激发读者的思维能力和行动力，为个人或企业实现创意添砖加瓦。通读本书，读者能够利用各个元素找到独特的创意形成方法。

每一章节均包含不同的创意元素，其间穿插创意指导类问题（结合前后元素，认清所处位置）和创意试验（迅速体验实际效果）。这些问题是我和优步教练兼领导力专家伊丽莎白·勒维丝共同设计的，伊丽莎白曾指导过著名的 CEO 和体育明星，帮助他们突破自我。

在人类所有的活动中，只有创意最能赐予我们成就感。这才是有价值的人生。

——米哈里·契克森米哈

建议从第一章（定义）和第二章（创意之士的价值观）读起，对这两章的阅读理解有助于形成创意观念，并且对其他章节有整体认识。

第三章探讨了创意之士的性格特点。如何判断一个人更有创意？日常工作中的哪些行为有助于提升创意能力？

第四章我们和神经科学家本·马蒂诺格博士一起探讨创意之士内在的工作机制。第五章探究了创意公司与停滞或倒闭的公司相比有哪些不同之处。本章将挖掘出营造创意文化氛围的八大关键元素。创意为何如此重要？为什么要利用创意？对于创意公司来说，至关重要的是有一个共同的发展理念。

第六章（目标）探讨了业务驱动下的商业情感和金钱如何产生冲突，以及如何为自己和下属创造价值。

人们能够有意塑造和影响个人的创意能力，这一观点是现代的新观点。第七章（创意过程）将通过不同的研究框架来探讨创意上的挑战并列出其结构。第八章将利用各类工具和技巧深入研究真实的商业“创造”或创新行为，以帮助读者克服困顿状态、找到评估创意的方法。

最后一章通过整合所有章节，启发读者如何制订个人行动计划或商业行动计划，并运用到实际工作中，以测试个人创意方法的有效性。

一起出发吧！

目　　录

第一章 定义

创意元素

本章主要讲述以下 10 个创意元素：

2 N Novelty 新奇	9 I Idea 点子	28 Sr Surprise 惊喜	16 V Value 价值	39 K Knowledge 知识
3 Ev Evaluation 评估	10 Unk Unknown 未知	17 S Serendipity 运气	29 Ar Art 艺术	40 Sc Science 科学

什么是创意

创意几乎是无穷无尽的。它涵盖所有感官——视觉、嗅觉、听觉、触觉、味觉，甚至是超感觉。多数情况下，创意是无形的、非语言的且无意识的。

——保罗·托伦斯

本章集合了众多著名创意思想家的研究成果，用以指导读者的日常工作和创意对话等情境，介绍了像谷歌、喜力啤酒这样的企业是如何利用共享概念开展工作的。根据这些共享概念，我对创意做出了最佳解释。本章同样探讨了超越理性的超感觉，包括意外收获的创意构成因素。

众所周知，创意本身是个极难定义的概念。

图 1.1　研讨会代表们用一个词解释创意

我对比了许多创意的定义，咨询了上百位学者和商业领袖对创意的看法。以下是具有代表性的几种解释。

互联网创客兼英国 Mind Candy 创始人迈克尔・阿克顿・史密

斯表示：

> 我认为创意之士总是充满好奇，我就是，好奇心很强……我认为大多数普通人不免落于俗套，而思维开放且灵活之人能从不同角度看到新事物，激发新想法，进而把不同行业的关键点连接起来，这时，更有创意的事物才会出现。

“逃离学校”咨询公司联合创始人之一马特·特里内蒂认为：“创意就是把那些激动人心的想法释放出来，进而在现实世界进行实践。想法、语句、艺术、商业、变动等所有一切，得先从内心表达出来，然后通过个人向全世界传达这些观念。”

推特网英国区总经理布鲁斯·戴斯利在采访中表示：“创意并非是一种技能，而是熟能生巧。”皮克斯和迪士尼动画公司总裁艾德文·卡特姆（2008）赞同这一观点，他认为：

> 人们常把创意看成一种神秘的个人行为，经常把多个想法看成是一个观点：这部电影讲的是玩具，这部是恐龙，这部是爱情……但是，在电影制作中，或是在其他复杂产品的生产过程中，创意是各行各业的一大群人在协力合作解决大量问题的过程中激发出来的。实际上，一部电影包含上万个创意点。

“机构自身没有创意”，美国宇航局的吉姆·霍奇斯（2011）解释道，“人有创意，机构只是通过开展工作、鼓励发挥个人主动性等做法培养或是抑制员工的创新能力。”

英国国家医疗服务改革部前主任杰姬·林顿（2016），她的故事是贯穿本书的重要内容。她说：“在我看来，创意就是联系大众，踏实做事，相信一切可能的事情。一听到有人说‘不行’，我就会兴奋，因为这意味着有另一种可行的方法等着我们去发现。（我们不该）给自己设限。”

作为读者，你又如何解释创意？

上文众多解释和回答，指出创意的若干构成要素。迈克尔·阿克顿·史密斯和马特·特里内蒂的关注点在“人”。图 1.1 中一个较为贴切的回答“发散思维”指的是“过程”，艾德文·卡特姆描述的是“产品”及生产“过程”。美国宇航局的吉姆指出了环境的影响，关注的是“地点”。

图 1.2　创意的 4P 因素

以上四类被称为构成创意的“4P 因素”（罗兹，1961）。后文将重点阐释。

创意和创新：两者相同

创意和创新两个词语常被交换使用，但两者有明显的差异。当一个抽象的想法变成一个具体的产品，创意和创新便在此产生交集。英国商务、创新和技能部（2010）声明，创新是指“新想法的成功运用”。

我在本书中主要使用“创意”一词，而新生的想法当然也会成为一种创意。经济学家西奥多·莱维特（2002）提出：“未被利用的想法都是无用的。衡量其价值的标准在于想法是否被利用实施。在此之前，所有想法都处于利用和遗弃之间的过渡状态。”

以下是我对创意的定义，并列举出三个关于创意的共享概念如何让企业受益的案例。

在商业问题的运用上，我赞同创意专家兼英国政府顾问肯·罗宾逊爵士的定义（2006），创意是“一个原创的且有价值的观点的产生过程”。

N 新奇

我之所以赞同以上定义，是因为该定义把创意概念分成若干个便于管理的板块——“过程”表明它是一种解决问题的系统方法，“原创”表明“新奇”是作为“观点”的衡量标准之一。

9 I 点子

那么，创意点是如何产生的？

米尔沃德·布朗和几家世界顶级大公司合作，共同研究品牌营销发展策略。他们将大的创意点称作“规则改变者”。因为大创意能够完全改变原有范例和类别，它必须“引起共鸣、具有颠覆性和探讨价值，能够超越文化和地理界限，能够在不影响企业信誉的前提下进行品牌延伸”（赫尔南德斯，2012）。

葛瑞伦敦广告公司执行创意总监维姬·马奎尔（沃尔沃和英国心脏基金会获奖广告的负责人）解释了她眼中的伟大创意：

> 创意是经验和直觉的混合体。它的内容简明扼要，能够对文化产生影响，如果人们争相谈论，社会上有媒体报道，并且出现在正确的时机，那么这就是一个好创意点。创意点有传染的特性。如果创意团队成员积极活跃，周围的人乐此不疲地谈论，那就表明这个创意点相当不错。

28 Sr 惊喜

评估创意点时，我倾向于多增加一个维度。人工智能研究专家马赫尔和费希尔（2012）将“新奇、价值和惊喜”等元素结合起来，作为衡量创意点的标准。

对我来说，惊喜反映了对创意情感上的感受——一种由某个点子或产品激发起的内心感受。

16 V 价值

“价值”表明创意（产品或服务）必须对创意者自身有用。当然，价值影响到销量、投资回报、广告占有率、品牌美誉度和行为变化等方面。

个案研究

简简单单！创意思维与一只会说话的俄罗斯猫鼬如何让网站 comparethemarket. com 的品牌价值翻番

2009 年之前，价格对比网站的利润率低，该领域的商品化程度高但同质化严重。这一行业的市场占有率取决于广告预算的多少，www. comparethemarket. com 在众多同类网站中毫无优势，更糟的是，它的名字又长，很难让人记住（《*Campaign*》杂志，2009）。

为取得突破，该网站受到吉百利食品黑猩猩广告的启发，创造了广告形象亚历山大・奥尔洛夫——一只俄罗斯贵族猫鼬，因为猫鼬（meerkat）和市场（market）两个词十分接近。

我们要求创意人员找到一个成本较低的广告语，且能和市场（market）这个单词相匹敌……“猫鼬”的单击成本仅有 5 便士（“市场”是 5 英镑）……因此，我们要求创意人员设计一个拥有性格、活力和情感的形象，亚历山大・奥尔洛夫便应运而生（《*Campaign*》杂志，2009）。

在过去的 7 年中，该整合营销项目逐步完善，包括电视黄金时段的广告赞助、销售和关键时刻的媒体公关活动。上文提到的肯·罗宾逊爵士的创意定义：“一个原创的且有价值的观点的产生过程。”这个定义启发我们意识到营销策略和创意点背后的形成机制。

这个搜索策略十分精巧，利用猫鼬（meerkat）代替点击成本更高的市场（market），最终创造出这个吉祥物。对我来说，这次营销就是创意思维的最好体现——如果没有过多的广告预算，就不用过多考虑。

在英国保险行业，“丘吉尔的狗”早已被广泛使用，利用这些形象本身已不是什么新鲜事儿。这次广告营销受到了“托尼虎”（家乐氏食品）和“吉百利黑猩猩”的启发，奥尔洛夫的性格特点也是基于已有的市场经验。但对于价格对比网站来说，这次营销是开创性的，为整个领域注入了新的创意思路，导致其他同行网站也纷纷效仿。

毫无疑问，这次“猫鼬”营销产生了价值——形象推出 63 天后，网站单次访问成本降低了 73%，引用量增长了 83%，实现了原定的年度目标（《*Campaign*》杂志，2009）。这次营销将该品牌的价值翻了一番（《每日邮报》，2014）。

这次营销是否让人惊喜？这一行业从未有过此类广告——让一个会说话的猫鼬讲述幽默的故事。这则广告也体现了挑战行业传统的“冒险性”（Rt：Risk-taking）。猫鼬的形象对流行“文化”（C：Culture）也产生了一定影响，牛津英语词典（2016）还收录了这只猫鼬的口头禅“简简单单”。

消费者喜欢猫鼬奥尔洛夫，推特网引来了 68000 名粉丝的关注，一度造成供不应求的局面。对此，广告公司评价：“我们不能使用理性说教策略，因为人们早已反感一本正经的说教，大家也听不进去。”这次营销策略的关键词就是“爱”。第四章将探讨“情感”和“逻辑”两元素。

你认为这次营销有无创意，体现在哪些方面？

每个人对新奇、惊喜及价值都有不同的认识和看法（有人会说价值关乎规模或排名），然而，正如下文喜力啤酒“创意之梯”所体现的：有了清晰一致的定义之后，才能更深入地研究创意。

39 K 3 Ev 知识和评估

评价创意结果的好坏，要经过仔细考察和推敲。要想衡量事物的创意度，必须利用“知识”和“评估”两个元素。第四章结合神经科学和心理学视角，并利用第八章的评估工具来探讨决策的形成过程。

创意研究先驱之一鲁斯·诺勒（2001）提出了以下公式：

$$C = f_a(K \cdot I_m \cdot E_v)$$

这个公式表明，创意是知识、想象和评估三种元素相互作用的结果。数学符号 f 意味着括号内的所有元素均受到括号外的影响——字母 a 代表积极态度。

米其林三星厨师、红极一时的斗牛犬餐厅创始人费兰·阿德里亚说："知识是衡量产品优劣的关键。"阿德里亚被公认为全球最具创新能力的主厨之一。他把试餐、品尝、积累经验的那些年比作"修炼"精神数据库的"心理味觉"（阿德里亚、索拉，2012）。阿德里亚创造了著名的"解构"方法——将传统食材改良，做出让人既熟悉又惊喜的独特口味。

看看阿德里亚改良版的西班牙煎蛋卷（卡林，2011）：

首先，他将传统的薄饼拆分为三部分：鸡蛋、土豆和洋葱。然后单独烹制。解构后的成品有一部分土豆泥、一部分洋葱酱、一部分蛋清饼。三种食材分层叠放。最上层是煎炸的土豆泥。这道菜盛放在一个小小的雪利酒杯中。

阿德里亚的烹饪方法完美体现了创意的形成过程（博登，2004）——将现有元素（食材）重新整合之后创造出新产品。

创意概念对商业的重要性

> 现在仍有商业人士认为，创意不过是个化妆品：最后抹个口红就能让产品看上去更吸引人。这种观点完全不对……创意和操作系统一样重要，它也是整体的一部分，发挥着关键作用，而且确实如此。
>
> ——菲尔·雷德，WPP 集团董事长

对创意的统一认识和解释有助于企业设置方向和创意目标，并筛选出正确的创意策略。

喜力啤酒的"创意之梯"

"创意之梯"总结了创意的形成过程，"太精妙了，它会被世代传承下去"，喜力啤酒全球市场营销总监苏林·哈格表示（麦基，2015）。

创意面临的一大挑战就是如何用便于理解和传播的通用语来定义。哈格解释："每个人对创意的理解都不尽相同……有些人还存在误解、羞于讨论。"（麦基，2015）

荷兰喜力啤酒公司一流的市场营销小组找到了方法——用包含10个步骤的"创意之梯"来评价创意点子。喜力啤酒公司用此方法来定义创意是否成功，还能帮助其他品牌评估创意的成效。

例如，喜力啤酒公司认为陈腐的点子不会产生积极影响，也不会发展到下一台阶。阿里夫·哈克曾任百事可乐营销员，现任营销创意实践能力总监，喜力啤酒公司聘用他为"创意之梯"的设计顾问。阿里夫提到："喜力啤酒公司一找到我就说'我们想要更好的创意'，而我当时脑子里想的是'什么是更好的创意'。"只要创意依旧没有统一的定义，客户和公司之间，领导和员工之间的沟通肯定会浪费大量时间。客户不是专业的创意人员，他们对某个创意没有统一的评价标准。为了保险起见，他们倾向于退回安全区，这些安全区往往会过度主观，不利于营造更好的工作环境。比如："我不喜欢猫""我妻子可能不喜欢"（听起来荒谬，但实际生活中较为常见）。

"这时，我们提出了'创意之梯'。它是根据李奥·贝纳全球产品委员会的规定设计的，它更具有实用性，更加关注客户而非

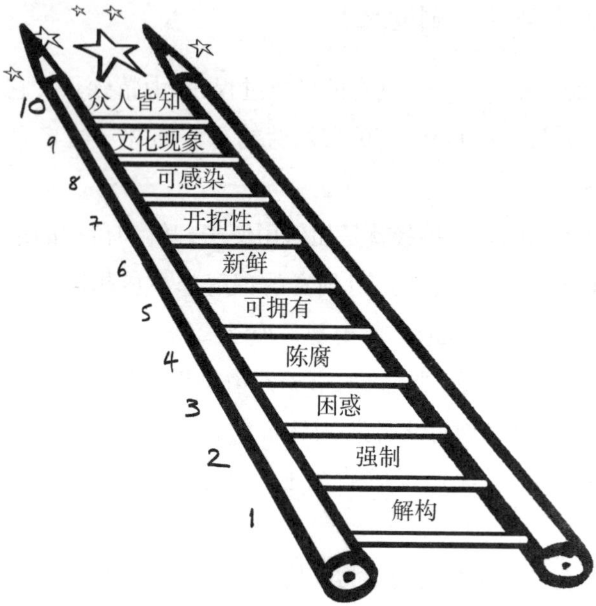

图 1.3　喜力啤酒公司的“创意之梯”

创意者。这都是喜力啤酒公司的功劳——他们从一开始就认识到它的价值，始终保持开放的姿态。‘创意之梯’的真正作用并不在于 1～10 这几个数字之中（设计数字是为了衡量时间），而在于对每一阶梯的解读。有的客户之前并没有接受过专业的创意培训，但他们在创意讨论中使用这些术语，这就使得整个谈话变得有意义。”

“提升企业创意能力的因素有很多，但重要的一点是拥有一套共通的语言，能够定义你所说的是指这个而非那个。坦白讲，创意其实是一种训练，但很多拙劣的商人总是把意图藏在背后、故弄玄虚。经验证明，一旦拥有一套共享意义的共通语，通过训练绝对就能学会创新。我们试图解决复杂的认知问题，但是，当你看到，原本毫无创意思维的营销人员在认识‘创意之梯’后，慢慢点燃了创意自信，这时感觉一切努力都值了。”（哈克，2016）“创意之梯”帮助员工把创意标准最大化，努力达到众人皆知的传奇状态（麦基，2015）。

建　议

使用“创意之梯”检测现有的想法和点子。想想哪个因素对公司有利用价值，哪个因素对自己有用。

为鼓励员工协作和公开讨论，喜力啤酒公司还拥有内部创意委员会，成员包括公司的创意总监和营销人员。

谷歌的“登月计划”

谷歌的首席执行官兼联合创始人拉里·佩奇不甘于渐进式的改良，他偏向于寻找能改变现状的突破性创意点。谷歌将之称为“10倍”计划——公司所有产品都要是竞争对手的10倍。为了研发看似不可能之物，2010年，谷歌启动了“10倍”计划——无人驾驶汽车和谷歌眼镜就出自这一计划。

佩奇解释（利维，2013）：

注定不会失败的事情，人们当然都愿意做。但那些渐进式的小改变最终会被时间所淘汰。尤其是在科技界，大家肯定知道不会有循序渐进的改良。所以，我的工作就是不让员工囿于那些小改变。在谷歌，那些大赌注被称作“登月计划”。

建 议

明确自己需要哪种创意——是突破式的，还是循序渐进的——为问题陈述设置一些宏大目标。

帕迪鲍尔公司的“恶作剧”部门

帕迪鲍尔博彩公司的创意野心十分明显。为了实现效益，公司的“恶作剧部”垄断了体育赛事，进而为全球媒体提供头条新闻。该部门的名称就是一个创意，指出了部门敢于冒险和打破界限的特点。该部门炒过的热点包括史蒂芬·霍金、梵蒂冈、非法移民和亚马孙热带雨林等问题。尽管是上市公司，帕迪鲍尔仍旧声称采用“反讽式幽默”营销策略。

2013—2015 年，哈里·德罗米一直是帕迪鲍尔公司的首席恶作剧大师。他在采访中表示：“最冒险的事就是无趣。伟大的创意都有一定的冒险性。你还要创造一种正确的文化、营造良好的氛围和端正态度。如果传达的信息很平淡，那对消费者来说就毫无意义。”

截至目前，一切还算合理。可下一部分“未知”呢？

10 Unk 未知

尽管在创意领域已有众多研究和讨论，但仍有大量未知的部分。单凭推理，很难理解未知的意义。但是，全球最具创意的公司之一，皮克斯动画的总裁艾德文·卡特姆坚信未知的重要性。他在《创意公司》一书中写道："自从我们的祖先拿着棍棒和剑齿虎搏斗之日起，人们就把对未知的恐惧埋在心里，我们的内心机制就是远离未知。但对于创意来说，未知不是敌人。如果正确对待未知而不是逃避，它能带来灵感和创造力。"

17 S 运气

运气元素——偶然发现愉悦和意外之物的能力——也能影响创意的产生。弗莱明发现青霉素就是一个证据确凿的例子——无意中产生意外的发现。1928 年，弗莱明在细菌培养皿中无意发现了青霉素，因而于 1945 年获得了诺贝尔奖。

瑞士工程师乔治·德·梅斯特拉在一次遛狗时，发现牛蒡草两边的小毛钩能粘住狗毛，于是他发明了尼龙搭扣①。

许多作家把机会、幸运、命数和魔力都归为运气。

伊丽莎白·吉尔伯特在《大魔法》（2015）一书中写道："古希腊和古罗马人认为，创意是外部魔鬼刺激的结果……它们住在人类的房子里，有时候还帮人劳作。"罗马人将外部魔鬼称为天才——守护神、灵感的源泉。也就是说，罗马人认为天赋异禀之人不是天才，而是拥有天才。

莎士比亚在其十四行诗中表达了类似观点，后来的浪漫诗人

---

① 尼龙搭扣：又称魔扣带、魔术带，由尼龙钩带和尼龙绒带两部分组成的连接用带织物，广泛应用于服装、背包、帐篷、降落伞、窗帘、沙发套等。

布莱克和柯勒律治把创意灵感归功于创作女神。约瑟夫·鲁德亚德·吉卜林[①]提到，是一个超自然的“恶魔”命令他创作了《丛林之书》和《基姆》。

直到今天，许多作曲家、设计师和艺术家仍将创作女神当作灵感来源。或许艺术界最能理解创意未知和不可知的那一面。

29 Ar 40 Sc 艺术和科学

若非艺术和科学的结合，就不会有创意元素周期表——创意往往被看作是两者的融合，许多书籍也致力于研究这两个领域。

在我的采访过程中，当问到“哪些创意之士能带给你灵感”时，受访者最常提到的是毕加索、商业嬉皮士理查德·布兰森爵士[②]，其次是科学家。

科学家必然是理性和逻辑的代表。逻辑是创意产生过程中必不可少的重要元素，但人们往往看重灵光乍现的那一刻，而忽视逻辑的重要性。

本书的重点是商业“创意应用”，但还有其他因素同样适用于创意行为，比如：毅力、失败、激情和想象力。

---

① 约瑟夫·鲁德亚德·吉卜林（Joseph Rudyard Kipling）：1865—1936 年，英国小说家、诗人。1907 年吉卜林凭长篇小说《基姆》获诺贝尔文学奖。

② 理查德·布兰森：英国维珍（Virgin）品牌的创始人，全球最具传奇色彩的亿万富翁，以特立独行著称，曾驾驶热气球飞越大西洋和太平洋。1999 年，被英国伊丽莎白女王册封为爵士。

创意试验

足不出户　即刻评判

挑战自己，测试你对创意的定义，测试其客观性。根据本章内容，从中挑出几个标准来评估创意——“新奇、价值和惊喜”（马赫尔、费希尔，2012）或测试一下喜力啤酒的“创意之梯”。现在，你可以利用其中的元素来判断各个行业的所有创意点。这样会提升你的思维能力，促使你找到创意的成因和方法。

尝试制作列表，并在某一产品、服务或点子上测试其效果。有了团队成员和多方意见，你可以设置自己的“创意顾问”。

从行业中找出相关案例，比如戛纳国际创意节、威比奖①或肖蒂奖②。不论你的行业标准如何，挑出5～10项工作来进行测试。用你的标准，喝杯咖啡的同时花10分钟进行评估。

注意你的内心（情感）反应，利用本章提到的思维方式和标准再次进行评估。也可以运用矩阵评估工具（第八章）为每一项打分。

- 你前后的反应是否有变化？
- 对你来说，做到客观容易吗？
- 如果下次再让你评估创意，你会怎样做？

---

① 威比奖：The Webby，由国际数字艺术和科学协会主办，旨在奖励为互联网做出突出贡献的人，1996年首次举办。

② 肖蒂奖：Shorty Awards，被誉为世界推特界的奥斯卡。

本章回顾

- 你自己如何定义创新？
- 在上文中，你最认同哪一句？
- 你比别人更谨慎吗——以自我为中心，比他人更擅长评估吗？
- 你的团队是否有共通语？如何评价你的公司？
- 概念和定义是如何影响你评估创意的？
- 看完本章，你在工作中会有哪些改变？

表 1.1　定义

元素	关键问题	考虑到个人发展和团队执行策略，你最看重哪一项？按照你的兴趣度，为下列元素打分，满分 10 分
新奇（N）	这个创意、产品或商品的新鲜度和原创程度如何	
点子（I）	你或你的公司如何定义创意	
惊喜（Sr）	某个点子或产品中，是否含有特别的或意料之外的元素	
价值（V）	对创新者和目标受众来说，创意的价值是什么	
知识（K）	你是否能通过增加自己的行业知识来提升创意能力	
评估（Ev）	你用哪些标准来评价自己或他人的创意	

（续表）

元素	关键问题	考虑到个人发展和团队执行策略，你最看重哪一项？按照你的兴趣度，为下列元素打分，满分10分
未知（Unk）	你认为机会、才能和运气对创意能力有哪些影响	
运气（S）	你是否有过碰运气的经历	
艺术（Ar）	你认为美学、美丽和自我表达需求是否属于艺术范畴	
科学（Sc）	你认为秩序、逻辑和过程是否属于科学范畴	

概　括

对创意共通的定义和解释有助于企业设定方向和创意目标，并筛选出正确的策略。久而久之，这些共通的定义便成为行之有效的评估标准。第一步先提出自己的创意定义，如果你有团队或公司，可以集思广益设置统一解释，进而将其看作“北极星”来引导公司发展。

延　伸

肯·罗宾逊2006年的TED演讲——学校毁掉创造力了吗——对当今创意的定义、创意和智力的关系以及创意对教育的意义均提出了质疑。

第二章　创意之士的价值观

创意元素

本章探讨以下 6 个创意元素：

1	6	7	13	14	26
Cr	Cs	Fr	Co	F	Gr
Creativity	Curiosity	Freedom	Courage	Fun	Grit
创意	好奇	自由	勇气	趣味	毅力

每个人的头脑中都有许多概念图谱，这些图谱整体上分为两大类：一类是反映事物或现实本身的图谱，一类是对这些事物的理解或价值观。我们凭这两种图谱理解一切事物。

——史蒂芬·科维

本章着重阐释心态及影响创意能力的 6 种价值观。看看这些价值观如何激发奈飞公司的创意，皇家海军为何注重愉悦因素，好奇元素如何激发皇家海军策划出了联合国 2013 年度最受欢迎的广告，以及毅力为何能提升创意能力。

价值观是人生的驱动力，是内心的指明灯

价值观体现你的信仰和心态。当你陷于困顿之中，价值观就是你的北极星，它指引你做出决定。不论是有意识的还是无意识的，价值观往往是稳定不变的，除非生活遇到了大的变故，或是你故意认为某事物没有价值。

价值观是世界观的重要组成部分，直接影响你的决策力和判断力。价值观也是产生动力的关键。价值观能够帮助我们衡量思维、感觉和行为是否能够提升个人的创意能力。如果没有价值观，拥有再多解决问题的技巧和灵感都是没用的。

我个人看重的一个价值观就是趣味性（事实证明这一元素能够激发创意）。不论是个人决定还是为公司做决策，趣味性相当于一个过滤器。我会根据趣味程度来判断某一活动有无创意。理论上，我也看重冒险性，但是，一旦冒险性和安全性产生冲突，我会毫不犹豫地选择安全性，这就是为什么我没有订购一直都心仪的跳伞。

对安全的需要迫使我重新考量某个新点子的产生过程及其冒险性。为了更好地衡量，我会故意逼迫自己走出“舒适区”。比如，认为金钱能够带来安全感，这就是一种对待金钱的价值观，但是，这种价值观和自由“价值”会产生冲突。对我来说，有时候收益和决定（我是否愿意和这个人或客户一起工作?）相抵触，我会变得反叛和固执。这样的决策无关对错。记住那些在创意过程或其他情境中产生的不适感，对我个人来说十分有用。你的创意中含有哪些价值观，它们发挥了怎样的作用?

价值观可能有好几百种

谢洛姆·赫·施瓦茨是研究价值观的权威专家，他提出了 10 种全球主要文化能够通用的普世价值观（其他价值观从此延伸）（赞纳，1992）。这 10 种价值观及与之相关的元素有：

表 2.1　价值观

自我指导	自由，好奇，创意，开放，控制，精通
刺激	兴奋，多样，新奇，挑战
享乐主义	快乐，享受生活，趣味，放纵
成就	野心，智力，自尊，资历，毅力
权利	权威，财富，社会认可，社会权利，维护公众形象
安全性	关心社会秩序，国家安全，归属感
一致性	礼貌，顺从，自尊，维持现状
传统	适度，坚定，公正，谦虚
德行	友谊，责任，谅解，诚实，忠诚
普世性	平等，智慧，美，社会公正，和平，自然，和谐

> 价值观被激活之时，人们就能真实地感觉到。比如，独立受到威胁时方能深刻感受到独立的价值，孤独无助之时才有绝望感，快乐开心之时方有幸福感。
>
> —谢洛姆·赫·施瓦茨

根据施瓦茨上面的列表回答，你认同哪些价值观？反对哪些价值观？

考虑以下三种人的价值观

- 风险资本家倾向于认同与权利相关的价值观，如财富、竞争和权威。

- 企业创始人拥有普世主义的价值观，如平等、社会公平、德行和责任。

- 艺术家们的价值观可能关乎刺激性、享乐主义、自我指导、表达自由、创意和审美。

价值观是行为的驱动力——风险资本家的动力就是为自己（或别人）赚取利润，因此其行为就是用金钱包装自己以展示财富和权力。企业创始人也要赚钱，但他需要把利润用在其他有益企业发展的方面，因此他的行为是分享和协作。而艺术家不关心经济问题，其行为是自我表达和锤炼手艺的结果。

考虑一下英国贵族会认同哪些价值观，美国卡戴珊家族①会有哪些价值观？如果与这些“企业”合作，你认为哪些价值有助于创意点的产生？

作为英国国家医疗服务改革部前主任，杰姬·林顿是国家医疗服务改革的发起人之一，这项平民运动拥有18.9万位参与者。杰姬分享了她的价值观。

“我的价值观是：诚信，不论地位高低，尊重别人，相信人性美，为他人考虑，突破自我，为实现更高的目标努力，帮助别人成长。我认为，趣味性和勇气也很重要。首先要认清自己，认清自己的价值观，它会帮助你看清所走的每一步。”

杰姬提到了哪些普世性的价值观？

---

① 卡戴珊家族：美国纽约的名媛家族，在美国体育圈和娱乐圈享有很高的声望和地位，被称为娱乐界的肯尼迪家族。

多林格等研究人员（2007）发现：传统、一致性、安全性和权力等价值观对创意并无益处（从以上两个“贵族”家庭中就能看到这一点）。

本章的前三个元素——创意、好奇、自由都和自我指导密切相关，而自我指导能够激发创意。丹·品克对动力的研究（后文会提到）表明：包括精通元素在内的自我指导类价值观极其重要。

1 Cr 创意

你为什么要阅读这本书？美国说唱歌手杰斯曾说过：“世界那么大，但你在这儿，我很感激此刻我们在一起。”显然，对你来说，创意是个重要的价值观。

为营造更有创意的气氛，最好先设立一套目标：

- 关于创意能力，你最想实现哪些目标？最想做什么？此刻哪些还不能做？
- 你的动力是什么？
- 你打算如何实现目标？
- 你需要帮助吗？
- 你准备好了吗？
- 出发吧！

本书穿插设置了几组指导性问题，以便帮助读者了解自身的创意元素。以下为第一组问题，篇幅比其他组稍长。联系本章内容思考下列问题，有助于读者理解全书内容。

创意指导

你认同哪些观点？看清自己的价值观。

如果你已经认清自己的价值观，想直接进入下一章节，那么，你可以跳过该练习翻到下一章。如果你想花费 15 分钟深入了解自己，那么，请你拿杯咖啡往下慢慢看。

价值观体现在人生的四个核心区域：家庭、事业、健康和人际关系。领导者和商人通常会提出一份价值观声明以确定发展方向，读者对此或许并不陌生。

如果读者对自己的价值观所知甚少，可以从下列问题入手。对于团队来说，下列问题有助于形成成员对创意的共同理解，有助于谱写个人、团队或公司的创意宣言。你所用的词句可能和施瓦茨的语言有差异，但这关系不大。趣味这个词并非施瓦茨独创的，但其意义和享受生活有关。最要紧的是认清自己看重哪些观念（当然，你可能已经认清了）。

吉姆·库泽斯和巴里·波斯纳与来自世界各地的领导者进行过合作。通过他们的实践经验来看清自己的价值观。

给自己写一篇“获奖感言”。想象自己将要参加一个盛大的宴会——也许是你 70 岁生日，或者是赢得行业里的最高成就奖——你的朋友、同事和家人将替你发表感言。

人们会如何谈论你？你为自己的哪些原则而自豪？回答下列部分（或全部）问题或许有所帮助：

- 你赞同哪些观念？
- 你坚信哪些价值观？
- 你不满意的地方是什么？

- 让你痛苦的事情是什么？
- 让你欢呼雀跃的是什么？
- 你热爱哪些事物？
- 让你彻夜难眠的是什么？
- 让你恋恋不舍的是什么？
- 你渴望的人生是怎么样的？
- 你真正在乎的是什么？（库泽斯、波斯纳，2008）

回答每个问题之后想想“为什么”。

是否想到了你认为重要的价值观和事物？或许你想知道如何衡量某事物的“价值”。有个简单方法，把某个价值当作是一个主题或概念，而非可触摸的实物。

现在看看自己的价值观列表，并按重要程度把它们进行排序。我的经验是把各价值观写在便利贴上，以便调整顺序。占用一会儿时间就能排列出个人价值观，你对自己是否感到满意？这真的是你所重视的价值观吗？

考虑列表前三项价值观是否有助于或损害了个人的创意能力。如果找不到对应的价值观，不要担心。本章最后一部分将列出有助于创意的所有价值观，方便读者对号入座。

库泽斯和波斯纳建议，下一步列出你的“信条备忘录”。这就是对个人愿望的阐述，如果你不做某件事就会压力倍增，这些内容一页纸就够了。思考个人的使命陈述。下面是我的“信条备忘录”：

图 2.1　按你的优先顺序排序

人生太短暂，以至于不能在某个时期碌碌无为。拒绝平庸。敢于冒险。走出去。大梦想。相信自己。坚持不懈。专心致志。喝茶。迷失。跳舞。向所爱之人表达爱意（感谢詹姆斯·泰勒）。勇敢。赞同。唱歌。多吃蛋糕。寻求谅解而非许可。给自己惊喜。

你的信条有哪些

可以和团队一起编写一段“信条对话”——让每个团队成员写下自己的“信条备忘录”，然后对比哪些更重要，从中选取共同认可的价值观和目标。

下面介绍好奇。

Cs 好奇

> 不断的好奇心是我们前进的驱动力——发明的本能，冒险的本能，还有一些类似于创意机构的好奇心，如“还有更好的办法”“我们可以换个角度看问题”。能和充满好奇之人合作，我们知道这种机会很难得。
>
> ——格里·霍普金森，Unity 科技公司联合创始人

好奇是人类本能之一，格里和我都赞同这一点。孩童时代，我们总想要探索周围的世界。本能上看，好奇和创意似乎相互影响，但两者是如何相互影响的呢？

你的好奇商数有多少

性格研究专家托马斯·卡莫洛·普雷姆兹克认为，在这个信息过量的世界，商业中的好奇商数（CQ）和智商（IQ）、情商（EQ）同样重要。托马斯指出，在极具复杂性的时代，“好奇商数更高的人善于发问、善于尝试新事物。好奇之人关注新奇之物，容易厌烦常规事物。他们有很多原创观点，他们敢于反对习俗”（托马斯·卡莫洛·普雷姆兹克，2014）。他认为，好奇商数可以后天培养，这有助于提升个人的创意能力，“智商很难培养，但情商和好奇商数可以后天习得”。

有“个人成长系主任”之称的厄尔·南丁格尔提出了一份好奇商数测试，你可以试试。可从 iTunes 下载有声版《创意思维》

进行测试。

个案研究

> 除非能在其他领域有所创新，否则为什么要重复已完成的事情？
>
> ——菲利克斯·巴雷特

2000年，沉浸式剧院公司Punchdrunk提出20部必看话剧。2013年，该公司在伦敦组织了一场视觉盛宴《溺死的男人：一则好莱坞寓言》，其特点是：观众戴上威尼斯狂欢节鸟嘴状面具，跟着不同时空场景的演员舞动身体。参与者会和朋友们分开，凭着自己的好奇心进入感兴趣的场景。这种沉浸式话剧有别于伦敦西区剧院的所有你能想到的演出，置身其中，有时候会迷失方向，但令人印象深刻，能够吸引大量观众和粉丝。

菲利克斯·巴雷特是Punchdrunk的创始人兼艺术总监，我采访了他，询问这家打破界限的剧院公司如何利用好奇心，这些经验对商业有何益处。他回答：

"保持沉默、营造神秘感的影响力更大。我们在纽约举办了一场沉浸式话剧《今夜无眠》，宣传上没有花费一分钱，但门票被抢光了。我们故意打破传统的宣传方式，不做宣传和发行活动，就凭口口相传。我们请观众预演一场，他们沉浸其中，成为话剧表演的一部分，然后口口传播——'你根本想不到发生了什么'。完全是凭本能和情感，而不是名人点评，这样反而给人留下深刻印象。”

图 2.2　沉浸式话剧《溺死的男人：一则好莱坞寓言》

Punchdrunk 沉浸式剧院公司赋予观众选择权，商业产品也应赋予消费者选择权。不要填鸭式地迎合消费者，要营造巨大的神秘感！不论是个人还是职场上，复杂性和好奇心都是巨大的驱动力——思考创意和总结概念之时，如果只展示全部图景的一部分，那么未知和意料之外的事物便会发挥重要作用。想要激发观众的参与度和兴趣，不用处处精心设计。

好奇激发创意

2013 年，为了反映全球普遍存在的男性至上主义和对女性的性别歧视，联合国妇女署组织了一场影响巨大的活动（见图

2.3）——“自动形成真理”，利用真实的在线搜索结果而形成，以反映针对女性的负面评价、刻板印象和其他令人震惊的影响。

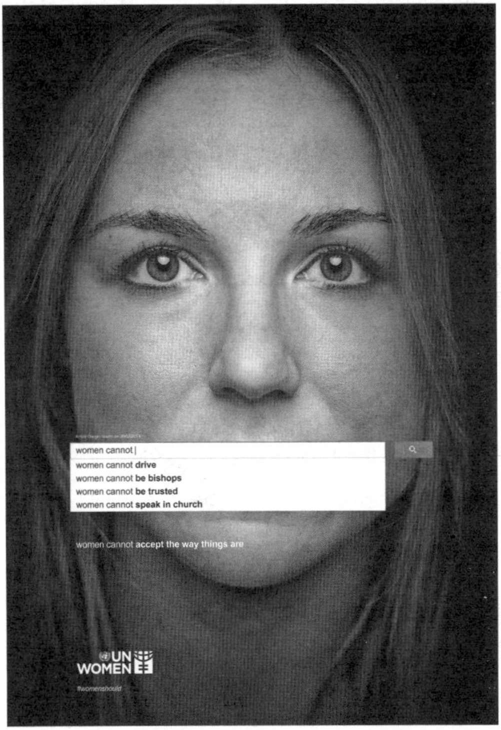

图2.3　网站组织的“自动形成真理”运动

搜索内容包括：女性不会开车、女性不该投票及女性不应拥有权力。

好奇心激发组织成员对普遍存在的事实进行深入挖掘和二度评估。这一运动利用“女性应该”这一话题，让全球参与者通过社交媒体分享自己的观点。整个项目的预算仅有3000美元，但被美国《广告周刊》评为2013年度参与度最高的广告项目，赢得了 2013 年社会公益奖（广告委员会）。2015 年，该活动参与人数超过 13 亿人，获得了 2015 年戛纳创意节创新狮子奖。

这项运动的创意出自 Memac Ogilvy & Mather Dubai 广告公司，创意总监是拉姆齐·穆特兰。他说："其中很多话题都是老生常谈的问题，都是 20 世纪的老问题，但仔细一想，直到今天这些问题依旧存在。这项运动说明了性别平等还没有实现，这只是冰山一角。"

创意指导

- 你如何把对业余爱好的那份热情运用到日常工作中以激发创意？
- 列举让你极其好奇的事物，以及你十分厌恶的事物。
- 什么才能激发你的好奇心？对于厌烦的事物，你如何激发自己的兴趣。

创意测试

- 如果你正在构思产品、服务或概念上的创意点，试问：什么样的创意才能激发受众向前一步，进行更深的思考？
- 随机搜集几件物品作为下一个创意的引子。如果构思企业创意，试问下列问题：谁生产的？为什么生产？第一个生产者是谁？它为什么会出现？会有多少潜在受众？
- 构思创意之前，列出你认为富有好奇心的人。逐个思考他们会如何克服挑战、提出创意。换位思考，不要主观评判。然后，把这些好奇之士的思维用于自身。

7 Fr 自由

对于创意团队来说，终极自由就是能够不断尝试新点子。怀疑主义者认为创新的成本很高，但从长远角度看，创新的成本很低，平庸的成本才高——自由才是出路。

——汤姆·凯利，艾迪欧设计公司

自由有多种表现形式——犯错、做决策、失败、探索、灵活工作、挑战、试验、反对、分享信息、打破规则、不受制约、空闲时间和决定工作地点等。对于有些人来说，和结构、规则或过程打交道让人倍感压抑。对于从事创意工作的人来说，“寻求谅解而非许可”是共同的准则。自由是驱动力的核心。

谷歌公司因给予员工自由而得名——20%的自由时间、可以灵活工作、有较大个人发展空间及可以自主选择工作地点，工作中有大量休息时间、打保龄球休闲和调整适应的时间。谷歌公司称，要营造全球最幸福、最高产的工作氛围。和谷歌之类的公司所了解的一样，相关研究也表明自由能够带来更多、更好的点子，以及更幸福的员工。以帕特森为首的创意研究专家指出：“创意之士多是凭借内在的自我驱动，他们只有在那些能够自由决定工作方式和时间的公司才能发挥出个人的最大价值。”

你在工作中有多少自由？自由对你来说有多重要？

对我来说，自由是核心价值观。我当总经理的时候曾和 30

家集团合作，后来我做了一个重大决定（大部分同行不会做的）。我决定每周工作 4 天，以便让大脑休息、休养生息，这样才能更好地工作。我的工作主要是为客户提供好的建议和源源不断的好点子。我厌烦了每周 7 天都待在办公室的工作模式。客户们表示支持，但很多同行告诉我这是“白日梦”，有的人甚至不相信我不想一直待在办公室。当了创意总监之后，我一直保持一周工作 4 天的节奏，因为这样我的工作状态更出色。广告界头牌创意大师詹姆斯 · 韦伯 · 扬 1965 年出版了经典著作《生产意念的技巧》，书中提到了“思维的触角”。非工作时间并不是无所事事，而是给我大量必要的时间去思考客户遇到的问题。

但有些同行认为这是缺乏志向和奉献精神的表现。我对自由的渴望程度超过了其他价值观（包括薪水带来的安全感），因此我选择创业。

但我并不孤独。

“逃离城市”公司认为从大公司辞职的三个主要原因是：50% 的辞职者想要自主创业，64% 的辞职者想要更多创意、创新和创办实业的机会，61% 的辞职者想追求更多自由、自主和独立空间（2015）。

个案研究

企业逃亡者

马特 · 特里内蒂曾是 IBM 公司的顾问，2014 年辞职后成立了“逃离城市”网站的子公司“逃离学校”，旨在帮助在伦敦工作的人摆脱激烈竞争、追求更满意（通常是更有创意）的事业。公司创始人另辟思路，从厨房餐桌起步，打算帮助上百万人找到他们所热爱的工作。我问马特：

图2.4　马特·特里内蒂

“从大企业辞职，转型到创新型公司工作，这个过程容易吗？”

“从来没有容易过。从心理上看，在大企业工作能锻炼你的工作能力，要照章办事，不能打乱每一步。一切都有清晰的目标，这些目标都关乎企业的利润和生产效率。另一方面，创新型工作并非总是有章可循，并非总是有清晰的目标或是盈利。所以单纯‘为了创新而创新’很难让人接受。从职业角度看，创业这条路并不容易，因为无章可循且充满未知。”

“你在创意方面应对的最大挑战是什么？”

“有几个大挑战。一个是认可并应用自己的点子。另一个是要对自己的点子和创新能力有信心。第三个是要持续不断地创新——不断地展示然后不断提高要求。我现在依然在‘应对’这些挑战。”

“面对员工的创意点子，你是感到欢欣鼓舞？还是觉得他们的点子很难筛选？”

“每个人的想法都不一样。有的人很容易就想出点子，有的人则需要冥思苦想。但问题是看到一个点子，员工能不能迅速做出评判。很多创意点是因为人们纠结于自己的能力而‘流产’了。”

创意指导

- 什么情况下你会有受限制之感？
- 你是否会有退缩的想法？
- 它表达的是什么？
- 万一对方对了怎么办？
- 你最近一次感到真正的自由是在什么时候？当时的情景是怎样的？什么原因让你感到自由？思考下列问题：

你如何把那种自由运用到创意中？

哪些工作流程限制了你的创意？如何克服它们？

如果你是企业领导，你会给予员工哪些自由？这样做有何益处？

个案研究

自由与责任——价值观如何激发奈飞公司的创意

奈飞公司的成立源自一个小问题：1997 年公司创始人里德·哈斯廷斯因没能及时退还租借的电影光盘《阿波罗 13 号》，被音像出租商店罚款 40 美元。

奈飞公司成立以后，原有的音像出租市场遭到了淘汰——用户只需缴纳固定的会费就能观看各类影片，而且没有滞纳金、运费、手续费，没有归还日期。奈飞公司没有因此而止步不前，而是跟随科技发展的脚步，涉足流媒体领域并拍摄原创电视节目如《纸牌屋》，向已有的电视网站发出挑战。今天，奈飞公司市值达到 255 亿美元。灵活和创意是其成功的关键。那么，奈飞公司是如何成功的？

哈斯廷斯做了一个黑白色调的 PPT 讲述公司文化，阅读量达 500 万次。“脸书首席运营官雪莉·桑德伯格称之为：硅谷迄今为止最重要的文件之一。”（《哈佛商业评论》，2014）可以在网站 SlideShare[①] 找到该 PPT（文件名称为“奈飞文化：自由与责任”）。文件揭示了奈飞公司 CEO 哈斯廷斯和当时的首席人才总监帕迪·麦克德是如何打破传统规则的——不仅是音像出租市场，还有传统的人力资源政策。他们把传统工业模式看作“减少多样化（制造错误）”的过时机器，而创意公司需要的是“增加

① SlideShare：为注册用户托管幻灯片的网络，为全球最大的专业内容分享社区，被称为幻灯片的 You Tube。

多样化（创新化）”。(《哈佛商业评论》，2014)

奈飞模式就是随着公司发展壮大不断增加员工的自由时间而非限制员工的自由，以吸引和培养创意之士，所以我们更容易成功。

自由帮助有责任心的人成长，他们也值得享有自由。

——里德·哈斯廷斯

奈飞公司的文化包含 7 个方面，揭示了创意领导如何平衡“自由与责任”的关系。比如：

• 奈飞公司没有“固定”的工作时间，许多员工是在晚上和周末主动完成工作的。因此企业在假期期间无须监督员工工作。由于仅有极少的“规则”限制，每一天员工都会自觉工作。为了激发创意、保证身体健康，公司鼓励领导阶层以身作则、带头休假。

• 公司没有监察部门，所有规则、监察和支出政策围绕这几个字：“为了公司利益”。

• 奈飞公司的谈话情境不受约束，公司规定：“经理们，如果团队里有人说了愚蠢的话，不要责怪他们。相反，你要自省，是不是自己没有营造出正确的谈话情境。”（里德·哈斯廷斯，2009）

奈飞公司的宗旨是“规模、快速、灵活”。奈飞公司是学习、进步和鼓励创新而非因循守旧的代表。公司重视高效，一旦员工出错，其准则就是快速解决错误。这也是皮克斯动画、艾迪欧设计公司等创新型企业共同的准则，后文将继续探讨。

13 Co 勇气

勇气多少与生活好坏呈正相关。

——阿娜伊斯·宁

大胆、无畏、勇敢、胆量、胆子、刚毅、坚信、英勇、毅力……不管怎么称呼，勇气和创意能力有着分不开的联系。如果创意带来新事物，那便意味着增加了不确定性。不论创意大小，都需要信念、胆量和一定量的勇气做支撑。勇气的多少取决于创意大小。勇气是创新的关键元素，对领导阶层尤为重要（帕特森等，2009）。

伊丽莎白·吉尔伯特在《大魔法》一书中喊出了创意生活的口号，极具文采地写出了克服恐惧的方法。她在书中写道，创意不可避免地会枯燥，但也会很容易克服，只要你认可："本质上，恐惧像个商场保安，但它非把自己看作海豹突击队员。它白天不睡，看到红牛就乱叫乱跳，它经常被自己的影子吓到，试图通过荒谬的行为保护大家的'安全'。"（吉尔伯特，2015），当然，如果你被一只老虎追赶，恐惧是必要的，但在日常工作中，我们不需要有那种焦虑。

艺术家兼创意教练丽莎·索诺拉·比姆认识到恐惧如何影响创意能力："产生新点子的最大阻碍物就是创意者自身的情感和心理障碍。这些障碍物不是软弱的标志，而是成长的证明。但如果没有正确的指导，这些障碍物会把创意能力带到深渊。这就是

为什么人们不敢想得太远。”（索诺拉·比姆，2008）

但是，为什么我们会害怕“跌入深渊”？我们究竟害怕什么？尽管这样思考会引来不适，但有必要深入了解。

过去，我会因为担心别人的评价而不敢表达自己的点子。这些点子是不是足够完美？这是不是我原创的？说出来会不会很傻？

某个创意一旦被采用，就迅速产生失败的担忧。会有效吗？媒体会报道吗？如果花了客户的钱，却没有带来足够的回报，我们会不会被炒鱿鱼？

无论你个人担心的是什么，吉尔伯特（2015）说：“如果学不会如何与恐惧长期相处，那你永远成不了大事，永远想不出有趣的东西。”

要么相信我　要么解雇我

Unity 科技公司联合创始人格里·霍普金森谈到勇气对创意的影响：

随着年龄的增长，我们对规则、原理、证据和数据的依赖程度越来越深。伟大的创意往往会因为一句“你知道什么”而被扼杀，或是说我觉得这个对，你要么相信我，要么解雇我。

所以，问题是我们如何适应这种情况？

通过做测试？持续监视？告诉你别人已经做过了？最后没有放弃某个创意，这是因为勇气不仅是个人的，也是集体的。当人们知道背后有人支持时，往往会更加勇敢。

孤独的人不会勇敢。要是不担心被臭骂或丢掉工作，员工可能还会有点勇气。如果公司（或客户）信任你，你会更加勇敢，最起码敢提出异议，进行争辩。

创意指导

- 你什么时候曾被迫鼓起勇气？

发生了什么？

对你造成哪些影响？

你认为，是什么激发了你的勇气？

- 当你想起自己最富创意的时刻，为企业设计点子，给顾客提供创意，或是启动了一个不受欢迎的想法——当时的勇气是如何产生的？

- 你认为勇气来自哪里？

- 列出你所害怕的事物，不论它是哪个人生阶段的，不论它是大是小。试想你为克服恐惧所做的努力，并把那些经验运用到现在面临的挑战之中。

个案研究

勇敢吧：坚守立场

澳新银行或许不是悉尼同性恋大游行最显眼的赞助商，但作为澳大利亚规模最大的银行，自2007年以来，该银行就参与到这项游行活动中，并利用自己的媒介——遍布城市各个角落的取款机——来传播包容性和多样性。来看看“同志取款机”。

图 2.5　澳新银行的“同志取款机”

2014 年，这项运动蔓延到全球 70 多个国家，传播内容极具感染力，使得澳新银行能够参与设置全球性议题。

对于银行这样相对保守的企业来说，从未参与过支持同性恋权利这样的运动。这样做有风险，不赞同同性恋的客户会回避这家银行，而且投资人倾向于支持那些不会打破现状的传统活动。

图 2.6　银行的自动取款机按运动主题装饰上了花纹

创意试验

- 突破下一个创意难题时，看看你会如何反对或支持某事物——你能创造出什么意想不到的联系，你为什么要支持？
- 如果必须说出你的品牌产品或服务代表某样事物，那会是什么？

14 F 趣味

趣味性很重要，因为你必须设法保持头脑活跃，必须设法激发最荒谬可笑的想法。

——格雷森·佩里

大多数人不会在工作中表现个人情感。但是，那种“工作必须严肃待之”的观点有助于提升创意能力吗？

我个人的工作经历表明，解决严肃的商业问题和寻求好玩有趣的方案完全是两码事。趣味被指为缺失承诺，而好玩被指为幼稚，和工作无关。作为全球最具创意、最具盛名的设计公司之一，艾迪欧公司总裁兼首席执行官蒂姆·布朗提到了这一点。2008 年，他在 TED 演讲《严肃地玩》中，提到了吉尔福德 1995 年进行的发散思维和聚合思维的创意过程，蒂姆指出首要任务是更新大部分观点，在评判筛选点子时，应该通过聚合思维来认识有趣好玩的重要性。有趣好玩能够在一段时间内营造出冒险的氛围。

蒂姆的同事，艾迪欧公司的创始人大卫·凯利提出了“边思考边动手玩”的想法，并指出各个行业近年来都受到先入为主的刻板印象的影响。大卫的理由是随着年龄的增长，人们对好玩事物的兴趣逐渐消失了，而孩童时期却能在日常生活中找出好玩的事物——橡皮泥或搭积木。针对服务或体验类产品，艾迪欧公司推崇角色扮演的营销方法，尽管客户在初期会不大情愿。而布朗

解释：“我们认为好玩有趣能够激发更好的创意，帮助我们更好地完成工作，而且工作过程更加轻松舒适。”（布朗，2008）

一位创意研究先驱指出，快乐和幽默对商业创意有重要意义，它们是工作中“自发表现出来的轻松感”（埃克瓦尔，1996）。契克森米哈（1997）认为，能够发现趣味及享受创意过程，这种能力对创意的产生发挥重要作用。假设你是独自一人在阁楼苦心创作的艺术家，或是倾诉衷肠的作曲家，此时负面情绪有助于激发创意。但是，如果你阅读本书的目的是为了激发自己或同事的创意成果，那就建议你有意培养积极的情绪，要追求的是愉悦、快乐和趣味。

个案研究

英国皇家海军中的玩笑和幽默

快乐是种选择。

——安德鲁·圣·乔治

你一定想不到，英国皇家海军——作为指挥及控制型组织，负责维护公海的稳定——会和有趣扯上关系。在皇家海军第二海务大臣的要求下，阿伯里斯特威斯大学的领导力专家安德鲁·圣·乔治，对各类海军成员的领导力方式进行了实地调研，并获得了一些有趣发现。

乔治写道：“没人会跟随悲观主义者，快乐是种选择……在任何情况下，乐观的领导都能向下属传达自信和能力，皇家海军深谙这个道理。毫无疑问，船长影响着全体船员的情绪，一位阴郁的船长必定指挥一帮阴郁的船员。而且情绪的感染速度很快。”皇家海军记录了快乐对船员行为的影响，得出的结论认为这一行为有利于克服困境。进一步说，快乐积极地激发了各种活动中的趣味性。它们包括：

- 鼓励“开玩笑”——从海务大臣到新水手都能亲切、风趣、友好地交流。
- 进行“轮岗换班运动”——一种填补海上空闲时间的非正式游戏。
- 圣·乔治（2013）提到，这些都是“微小和无意义”的游戏。比如，通过越来越宽的距离传递木棍。但是，除了快乐，皇家海军还鼓励快速思考、开放心态和谈话意愿。快乐反过来影响船员的坐姿、站姿和手势。
- 通过讲笑话鼓励幽默。

创意指导

- 你最有趣的经历是什么？你会如何将其运用到下一个创意环节？
- 你遇到的最快乐的情境是怎样的？你如何将那种快乐运用到工作中？
- 你上一次沉浸在游乐中而忘了时间是什么时候？
- 你当时在做什么？你如何把那种快乐带到生活之中？

创意试验

- 找出一种除了玩以外没有其他目的的游戏（如社交软件Snap[①]应用、运算游戏、谁是卧底或乐高玩具）。将其作为突破口/刺激物/动力源运用到下一个创意环节。

- 如果你和孩子们在一起，观察他们的游戏，或加入他们玩一会儿——看看他们的行为。你对玩是否有了新见解？

- 在办公室创造一个有趣的空间。让室内变得明亮、舒适和有活力。试着玩玩身边的物品，比如折纸，或者随机挑选物品放到纸袋里以激发想象力——我喜欢把明信片、奇怪的事物和歌词放到袋子里。博物馆商店有很多便宜、随机的物品也可用于创意研讨。

26 Gr 毅力

毅力是对长期目标的一种激情和坚持。毅力就是持之以恒，就是为了实现梦想而每天坚持着，而不是一周、一个月或几年。毅力就是像跑马拉松一样去生活，而非冲刺。

——安吉拉·李·杜克沃斯

① Snap：美国即时通信公司推出的一款社交软件，特点是“阅后即焚”，即用户互相发送的文字、图片只能在对方手机和网站服务器上停留很短的时间，超过这段时间，就会被系统删除。

联系到体育方面的成就，毅力是个很容易理解的概念——毅力也是把创意点子转化为实际创新的关键因素。提出伟大的创意点只是这个创意成功故事里的一小部分。不同研究表明，50 个、100 个甚至 3000 个初期创意中仅有一个能够真正运用到现实之中（伊萨克森等，2011）。

毅力在激发这些点子中起着关键作用，也可以广泛运用到生活的其他方面。毅力就是能够在困难中认清事物的能力，是应对挫折、集中精力完成手头工作的能力。在激发创意的过程中，经常会有挫败感，经常会只见森林不见树木，而且结果经常让人难以捉摸。

坚持

皮克斯动画公司的奥斯汀·麦迪逊参与了《料理鼠王》《机器人瓦力》和《飞屋环游记》等电影的创作，他在一份手写报告中完美阐释了毅力的重要性。作为“动画师书信项目”（2010）的一部分，他在一份名为“坚持”的信件中说明了自己创意过程的各个环节。第一个是“白热化阶段，调动所有创意思维……各种点子就像皇家酒杯中的酒一样源源不断，这占用了 3% 的时间”。麦迪逊对坚持品德的执着源自“受挫、挣扎、办公室混乱不堪的时候……艰难地走过沮丧和绝望的泥潭”。

尽管麦迪逊勇敢地公开承认这一点，但对于大多数人来说，只有在面对挑战时才能感受到坚持的重要性。麦迪逊所说的好东西，指的是另一个和毅力息息相关的元素——纪律，下章将重点探讨这一元素。

找到自己毅力的源泉是创意过程中较为艰难的一个环节。当没有解决方案、面对困难之时，我们会产生压力。毅力帮助我们认识到这种压力完全是常态。正如美国艺术家丽莎·索诺拉·比姆（2008）所说的：“认识到自己所处的位置和自己所要实现的目标之间存在的差距，这就叫作结构性张力。能够忍受结构性张力是实现目标的关键。”而毅力是实现这一切的关键。

国际创意力研究中心联合创始人之一西德尼·帕尼斯（1961）进行的研究表明，创意过程的第二阶段会产生更多、更好的创意点。他称之为“工作扩展原理”。当你或团队开始苦思冥想，因停滞不前而沮丧或产生想要放弃的想法时，请牢记这一原理——坚持！

毅力就是坚韧不拔，是长跑比赛。你认为诺贝尔奖获得者的平均年龄是多大？（答案在本章最后）。

戴森——退缩或勇气

20世纪70年代，投资家詹姆斯·戴森成就了自己的名声，他设计出一辆使用球体而非传统轮子的轻量级手推车。之后他转而发明吸尘器，却对这种枯燥的工作感到沮丧，但他坚持了5年（设计了5127个模型），最终推出成品。又过了5年，他的无袋式吸尘器发明大获成功。在大多数受阻想要放弃的时候，戴森凭借信念和毅力选择坚持下去。“我沉迷其中”，戴森在接受《企业杂志》采访时说道，“大部分人都以为我疯了。”（2012）但历史证明他是对的，今天，他的身家超过30亿英镑。

你的毅力有多强

创意过程可能令人沮丧，可能充满挑战。解决大问题的时候——关乎环境、金融、商业、社会、经济、军事或政治——我们需要问题解决者坚持下去。安吉拉·李·杜克沃斯当过管理顾问、教师，现在是心理学博士，她认为毅力是各个行业成功的关键。她的调研对象十分广泛，从西点军校学员到全国拼字大赛参与者，她采访了一个简单的问题——“谁是成功人士？为什么？”

安吉拉把毅力定义为“一种以保持兴趣为长远目标而努力的趋势”（杜克沃斯等，2007）。她还设计出一个“毅力等级”测试，读者可以从线上下载。最高分意味着你的毅力极强，而低分意味着你根本没有毅力。如果你想提高创意能力，做一下毅力等级测试（显然，从测试结果看，我的毅力极强）。最后，面对质疑的时候毅力尤为重要。如果没有毅力，负面评论会把你带入绝望，但如果有了坚持的源泉，你会坚持向前直到获得认可。

《哈利波特》作者 J. K. 罗琳的第一部书稿曾屡遭否定，试想她的毅力有多强。否定她的人还包括著名导演蒂姆·伯顿、演员麦当娜、音乐家博诺·沃克斯、艺术家安迪·沃霍尔和诗人西尔维娅·普拉斯。罗琳写道：“感谢这些反对之声。它们证明了我的付出。”（卡帕迪亚·波查，2012）

创意指导

- 在你的创意生活中，哪一环节需要更多毅力？
- 在你的职业生涯中，何时会遇到毅力（或缺乏毅力）？
- 你认识的人当中，谁的毅力令你敬佩（或勉强欣赏）？你认为他们坚韧不拔的信念有哪些？
- 了解自己的毅力等级、知道自己需要毅力——当你理解自身价值观之时，你就会更轻松地坚持下去。

创意指导

- 选一个已经停滞，但你想要推进的项目。怎么才能推进？从今天开始。
- 下一个创意环节，当理屈词穷之时，试着付出更多努力，坚持更长时间。试用第八章介绍的创意工具，看看效果如何。
- 设计几张创意海报或明信片，把它们贴在能看到的地方。正如萨缪尔·贝克特所说：努力了，失败了，没关系，再努力。再遇失败，也败得漂亮。
- 诺贝尔奖获奖者平均年龄是59岁。

本章回顾

- 本章哪项元素曾有助于你产生创意？
- 你个人与哪些创意元素的关系最为密切？
- 按个人重要程度打分。
- 把这些价值元素按重视程度排序。你会怎么排？（也可以增加新的价值元素）哪些元素你永远不会妥协？
- 你更依赖哪些创意元素？
- 为获得某种价值元素，你会怎样做？列出三项今天就能实施的。

表 2.2　价值观

元素	关键问题	你的优势或强项和下列哪些元素相关	未来你会着重发展哪方面的能力
创意（Cr）	对于提升个人、团队或企业的创意能力，你有无设定目标		
好奇（Cs）	你能追随自己的好奇心吗？你如何激发自己的好奇心		
自由（Fr）	你能自由地取消无用的限制条件吗		
勇气（Co）	你会在多大程度上支持你所相信的？什么会阻碍你		
趣味（F）	在创意过程中，你感到有趣吗		
毅力（Gr）	你的决心和目标是什么？你在多大程度上坚持自己的观点		

第三章　创意之士的性格特点

创意元素

本章探讨以下 10 个创意元素：

你想变成一个有创意的人吗？太晚了，因为你已经是了。根本没必要称呼某人为“一个有创意的人”，因为创意能力是人类的标志性特征。只要活着，都是一个有创意的人。

——伊丽莎白·吉尔伯特

我们凭什么判断一个人有无创意？我们能通过改变自己的行

为进而变得更有创意吗？阅读本章之前，快速列出一个你认为有创意的人的名单。你为什么列出他们？能否明确指出他们的性格特点？

我脑中浮现的是扎哈·哈迪德、史蒂文·斯皮尔伯格、大卫·鲍伊、翠西·艾敏和莎士比亚，他们的特点是反正统文化、激进、特立独行、有远见、叛逆、有天赋、不合群以及难管理等。但这些都是老生常谈的话题。

伊丽莎白·吉尔伯特说，人人都是有创意的，因此写出一个“创意人士”列表并不容易。而社会认同的创意人士似乎是那些拥有或展现出更多创意点的人。研究表明，创意能力是性格、行为、文化、社会影响及生活经验的混合体。这是未添加创意神经科学之前的说法，下一章将探讨神经科学。

先来看看世界领先的动机研究专家卡罗尔·德韦克（本章还会提到她的多项研究）如何看待这一棘手问题：关于人的创意（及其他）能力是否为先天形成。

> 这不是先天或后天、基因或环境的问题……当然，人人都有独特的基因遗传，每个人的性格和天资都是不同的，但明确的一点是后天的资历、培训和个人努力影响颇大。
>
> ——卡罗尔·德韦克

在此，有必要提到玛格利特·博登，在几十年的“科学生活”中，她致力于医药、心理学、计算机科学和创意等众多领域的研究。第一章中，她对创意定义提出了明确概念。

“P”代表心理创意，关乎“个人思维”——一个人产生创意的行为；“H”代表历史性创意，关乎个人所有的成长史（博登，2004）。而大多数人不会将后者展示出来，神经心理学家雷克斯·荣格（2015）表示：“创意能力十分普遍，而天才比我们想象中的还要稀少很多。”

如果想要深入了解创意能力的多种形式，那么博登的定义为我们指出了不同类型的人群。我将剖析关于个人创意的谬见、刻板印象和泛化观点，并对历史性创意的特点及更明显、更真实的心理创意进行研究，以便在广义上体现出创意之士的共性。

或许你已熟知米哈里·契克森米哈及其研究。在《创造性：发现与发明的心理学》（1996）一书中，他进行了一项经典的创意研究，采访了91位独特的、在各自领域有所成就的创意人士，包括科学家、摄影家、作曲家、艺术家和小说家等。契克森米哈从这些创意人士中总结出一个词：“复杂性”。

米哈里认为，创意人士能够驾驭并拥有各种品质（多数品质相互对立），而大多数普通人只拥有单向的品质。他提出了“复杂性的10个维度”——“创意人士”所具有的对立的性格特点，如下：

- 集中精力与休息——创意人士在必要的时候能够长时间保持精力集中，但休息对他们来说同等重要。“他们认为，工作之余的休息和反思对于创意的成功十分重要。”（契克森米哈，1996）这种劳逸结合的行为是为了实现目标而非某种遗传倾向。

- 聪明且天真——这是一种能在智慧和幼稚之间游刃有余的能力。创意人士必须保持开放的心态，避免现有的知识或成见影响新点子的产生。试着“重新认识”你孩子最喜欢的童谣。

- 趣味与毅力——第一章提到，趣味是创意人士的重要价值观之一；第二章探讨了毅力。创意人士和创意公司需要在这两个因素之间找到平衡点。

- 想象与现实——这是一种突破现有观点，并将新点子付诸实践的能力。罗伯特·迪尔茨（1996）将华特·迪士尼的创意过程分解为三阶段：梦想者、现实主义者和批评者，这种简单的区分有助于在想象和现实之间找到定位。

- 外向与内向——创意能力既是个人的，又是社会的，两者缺一不可。契克森米哈的采访反复证明，即使是孤独的创意天才，其创意的产生也需要反馈、讨论并与他人交流观点。

- 野心与无私——这是竞争和合作的双重需要，是一种平衡自我和获得广泛认可的能力。

- 双性性格——争强好斗又关爱他人、敏感又刚强——这是一种同时拥有男性和女性行为的能力。这样在互动中能够“得到双重反馈，获得更丰富、更多样的机会”（契克森米哈，1996）。这一点在商业领域或许并不明显，大卫·鲍伊和格蕾丝·琼斯同时具有男性和女性的特质，艺术家格雷森·佩里身穿女式长袍来转变为克莱尔的角色。

- 传统与叛逆——能够打破规则。契克森米哈认为，人人必须懂得规则，因此，从某种程度上说，人人都是传统主义者。

- 热情且理性——从长远看，如果没有热情，就不可能保持兴趣和动力；同时，过于客观会僵化思想。创意人士必须在两者之间自由转换。

- 煎熬与享受——这两个特点或许让你想到了努力奋斗中的艺术家或诗人，但“正如一个富于创造的工程师无法忍受一个糟糕的设计，有创意的作家也无法忍受一篇拙劣的文章”（契克森米哈，1996）。这两个特点是创意过程所遇到的高潮期和低落期。

> 人们通过各种主观臆想来认识世界。要时不时地清除掉这些臆想，否则就不会获得新知。如果你不断挑战自己，你就不会如此轻易地接受那些未受质疑的观点。
>
> ——艾伦·艾尔达

18 O 开放

本章第一个元素就是开放。过去 5 年的理论研究表明，对经验保持开放心态是创意人士的五大性格特点之一。开放是创意的基础，因此首先介绍。

开放意味着对新经验、新同事，新的处事方法、观点和文化，以及尚未出现的可能性始终抱着接受的态度。决定开放的关键词包括：好奇、创新、多样、冒险、独立及尝试新事物的意愿。制约开放的元素有：谨慎、常规、迎合、传统和简单性。

回想自己的经历，并评价你对其他观点的开放程度。你是否有过这样的经历：第一时间想到一个新点子就认为它是一个“大创意”？如果你是一个人，这豁然开朗的时刻或许能带来突破，或帮助你找到解决方案。但多数情况下，尤其是在团队头脑风暴的过程中，你的坚持会成为绊脚石。一旦你固执于前期的点子，你就会无视或反对其他人的观点。这就是“自我”。

19 E 自我

广义上说，自我是指一种自大和自负的意识。现代工作中不提倡自我，因为较之个人，目标和团队更加重要。

太过自负是影响创意的恶劣品质之一。“自负之人说‘我不会犯错’，而自信之士会说‘我会做好的’。”（亨利，2016）

查尔斯·达尔文和对冲基金亿万富翁有何共同点?

想想你对哪些事物有强烈观点——或许是政治、宗教、死刑、你喜爱或厌恶的食物。你真的想改变这些观念吗？说实话，答案很可能是不。这就是证实性偏见。英国心理学家彼得·沃森 1960 年的试验（及以后的多项研究）表明，人们选取和利用的信息往往是用于支撑已有观点，而非产生新观点。事实上，当面对与我们意见相左的信息时，我们常常会选取有利部分来证明原有观点的合理性！

可以把证实性偏见看作是内心的“好好先生”（或女士），绝对有必要向其发起挑战。这是金融界公认的事实：这种扭曲的思维方式，其代价动辄百万。

早在沃森的研究之前，查尔斯·达尔文就意识到了证实性偏见的存在，以及其对寻找理论证据所造成的潜在破坏性。因此，达尔文额外关注那些有悖于其发现的事物，而非忽视它们。

两面性为何有助于创意

研究学者艾伯特·罗滕伯格（1971）分析了包括微生物学家

巴斯德、爱因斯坦、梵·高、莫扎特及诺贝尔奖获得者在内的天才们的创意形成过程。艾伯特创造出新词“兼容并蓄的思考”来形容同时拥有两种截然对立观点的能力。

推特英国区总经理布鲁斯·戴斯利指出，在高速发展的科技时代，公司快速发展或在面临各种枝节问题时对变化保持开放心态显得十分重要。戴斯利说道：“你想雇佣谦逊之人，这就是证实性偏见。一旦你认为你知道答案，那么你所做的一切最终会重归原点。如果你能够坐下来思考，‘我不知道未来 6 个月该怎么办’，那么，这种公开弱点的做法会带来一种开放的态度，让你每天努力接受并理解新事物。”

听起来很简单。对各类观点保持开放心态是一个看起来简单，也容易理解的概念。然而，说比做容易得多。

我曾在一家非常成功的企业参与一个价值 200 万英镑的竞标项目（这在该行业属于大型项目）。我带领一支创意团队准备高效完成这次任务，但在团队第一次开会的当天上午，有人敲门，然后企业的执行总裁走进来，详尽地解释了他对这次竞标设计的大创意，他提醒我们“记住有这个点子就行”。随后，我们花了多天时间咨询消费者和媒体的意见、研究试验、试用产品、与同行交流。经过多日的反复商讨，我们最终为这个总裁提供了 3 套截然不同的方案。至此，至少 20 人参与到了头脑风暴和提供创意的过程中，并对最终方案进行了严格评估。猜猜结局是什么样？没错，总裁认为还是他最初的创意最好，并决定按照他的想法实施。最后竞标失败了。我们永远不会知道其他的方案是否更好或是更糟，那些方案从来就不在企业的考虑范围之内。

个案研究

是的，而且——即兴脱口秀的经验

近年来，脱口秀流行于企业高管和商学院之间，脱口秀演员的思维方式有助于激发创意能力。

- 能够在百忙之中提出解决方案。
- 必须会倾听、会合作，乐于接受新观点。
- 必须承认弱点，坦然面对失败。

一个众所周知的即兴练习叫作“是的，而且……”。结对练习中你不能说“不”，而要“接受提议”（不论对方说什么），都要顺着往下，开口回答“是的，而且……”，根据对方所说的往下延伸，不论对方的观点多么可笑或平庸。“是的，而且……”这一说法的对立面是“是的，但是……”，因为后者会阻碍对方表达观点。

试着在头脑风暴过程中使用这种回答方式，尽管一开始，你或许会有身处情景喜剧《爆笑办公室》之感。并不是说在下一次会议或研讨中，你必须始终遵守“是的，而且……”这种规则。把它当作热身训练，试着练习 10 分钟，或者是坚持 5 分钟不说“不”。这种有趣的方法能够延缓你的判断，哪怕是一小会儿，还能有助于你接受并思考那些本会反对的观点。或许，你还会意识到自己说“不”或“但是”的频率，以及你是多么迅速地忽视他人的观点。

英国广播公司第四频道大区市场经理哈里·德罗米（爱尔兰博彩公司 Paddy Power“恶作剧”部门前任主管）从这种即兴练

习中受益颇多。他说道："我从不同的参考观点中学到很多——保持好奇意味着要尝试不同的事物，以便为思维提供养料。我从脱口秀中学到的经验，在各个领域都能带来奇效。你完全放空自己，然后进行思考'哦，老天，这个太难了'，这样你就能坦然面对接下来的工作。创意不是自发的，你必须为之努力，这样才能产生更好的创意。"

创意指导

- 测试你自己对新观点的开放程度。你是否更赞同自己所熟知的观点？或者，你更喜欢新的、与众不同的点子？
- 是什么阻碍你尝试不同的事物？
- 未来你会如何积极寻找新经验或新观点？

创意试验

- 当你想到了大量新点子，选择其中一个，故意找到与之对立的观点，或与你的立场截然对立的意见。
- 在头脑风暴或会议中，要更多地倾听而非倾诉。
- 两人讨论时，试用"是的，而且……"的方法，看看是否有助于你的创意。
- 试着让某位同事故意否定你的意见。要进一步了解"争论"元素，详见第五章内容。

No.30 叛逆

我探寻本质。我不愿意像别人一样身处洪流，随波逐流……我本能上总是反对那些显而易见的东西。但做到这点并不容易。

——格蕾丝·琼斯

创意来自于“疯狂之人”，那些自命不凡的人、爱惹麻烦的人、局外人、神秘的人或是反抗的人，他们敢于挑战“事物本来的样子”。叛逆代表了创意之士最典型的特征。

叛逆并非艺术家和音乐家的专属，它同样有助于商业人士。书籍《创新的 DNA》的作者在研究中发现，非常成功的企业家（包括亚马逊总裁杰夫·贝索斯，戴尔创始人迈克尔·戴尔）具有两个共同点：“（1）他们迫切地想要改变现状；（2）为了有所改变，他们常常采取冒险措施。”（克里斯坦森等，2011）

个案研究

撕掉规则手册——英国绿色殡葬公司

我们想要彻底改变现有的殡葬行业。

——克莱尔·卡伦德

鲁伯特和克莱尔·卡伦德，这对夫妻档在英国德文郡经营一家小公司，两人正在一个不可能的领域挑战行业现状。两人自称是“激进的”殡葬从业者，所经营的绿色殡葬公司提供一套替代传统葬礼的生态环保方案。这是一个经典案例：在一个高度保守的领域内挑战既定规则，卡伦德夫妇打破了殡葬行业既定的商业化和企业化的经营方式。

两人说道：

图 3.1　激进的殡葬从业者——鲁伯特和克莱尔·卡伦德

“我们很荣幸被称为殡葬从业者，这种称呼清楚地说明了我们所从事的职业。我们第一次见客户，一般不会穿正装。我们不会请灵车和豪华轿车车队，也不会雇佣抬棺人员。我们的葬礼没有标准流程，也不会用委婉语。我们认为虚伪的维多利亚时代的方式和悲伤的表情并不是尊重和尊严的体现。我们为将军和贵族举行过葬礼，但是每一场葬礼都是独一无二的。我们服务的宗旨是：诚信、接受和参与，甚至是帮助抬运棺木。如此一来，所有人不再是单纯的观众，而更多的是参与者。”（绿色殡葬公司官网，2016）

除了提出自制引火材料、集体式赞颂和庄稼怪圈等理念，鲁伯特·卡伦德分享了更多改变现状的做法。

你是规则破坏者吗？

“是的。我当然认为自己是一个规则破坏者。我小时候就读于一所小型公立学校，那里鼓励——通常是命令——学生保持一致。游戏规则很明确：你墨守成规就能赢得立足之地。14 岁起我就知道自己无法成为这个游戏的一部分。”

哪种情感能真正激发你的动力？

“我觉得，人们普遍认为创意就是想出一些积极的东西，但我的经验是对现有缺陷的那种愤怒才是更强的动力。我所经历的亲友离世、参加过的葬礼深深伤害了我，所以我们决定当个更好的殡葬从业者，从不做什么而不是应该做什么入手。就是这样。找到一个糟糕的点子，然后把它做得更好。”

从进入殡葬业开始，你们就打算改变行业现状吗？

“是的。我们看了《自然死亡手册》第三版，觉得现有的葬礼服务，尤其是尸体的处理和呈现方式，以及灵车车队、切饼仪式等其他附加服务，实际上所有程序都错了。”

克莱尔补充：“引火木材的意思是大家可以选取一件物品，然后带出来，这就是我们创业的理念。我们知道，所有规则都要改变。我们用一辆沃尔沃、一张平板床和几袋冰块就开始着手做了。我们想完全改变殡葬业的现状，现在我们仍在为之努力。”

你们遇到了哪些挑战？

“我们靠着天真和热情走到了今天。我们没有意识到这个行业有多么庞大，不知道重量级企业巨头的实力，也不知道失去亲人的方式被如此巧妙地剥夺了。通常这些服务都是善意的——殡葬行业的从业者多是无私的、体贴的。正是那些投资资本家从悲伤的、不知所措的人身上看到了商机。”

那些行业巨头有没有回击？

鲁伯特说：“很幸运，主流企业还没有关注我们。与我们有联系的多是一些有着共同理念和服务方式的小型独立公司。大企业暗地里盯着我们，也是睁一只眼闭一只眼。但作为实体公司，我们的规模较小，还不能对巨头们产生威胁。赋予权力、精神自由、实际参与以及不具恐惧性的尸体，这些对大企业来说是大麻烦。企业巨头利用传统思想、恐惧、精神勒索来赚钱，对他们来说，葬礼上人们丧失亲人的无助感没有任何意义，只会耗费更多成本。”

创意指导

- 你是否曾竭力反对或反抗某个事物？

什么事物？反抗的感觉如何？

最终结果怎样？

从中学到了什么？

- 你如何看待顺从性？你认为顺从对创意的影响有多大？
- 如果你选择更多的挑战而不是遵守规则，你认为会发生什么？你能确定它是真的吗？

新奇爱好者容易产生厌倦，讨厌传统与规则，并渴望新奇事物。企业如果全是这种员工，将会混乱不堪、难以管理。但如果想要打破界限，那就发掘自己内心的叛逆精神。打破规则是激发创意、扰乱市场的快速而简单的方式。第二章中，我们了解了奈飞公司如何打破既有规则，扰乱音像出租市场。1989 年，英国“第一直通”改变了银行业的面貌——这家电话银行没有分支机构，专注于为用户提供全天 24 小时的服务。

创意试验

列出你所在的行业、商业领域中的“规则”和既定传统，然后找出对立观点，或试着打破现有规则。

或者触碰某一禁忌：你所在企业、行业或消费者回避的敏感问题是什么？如果你将其公之于众，会发生什么？

打破不可能的领域

宝洁公司为宣传“护舒宝”品牌卫生用品举办了一场“触碰泡菜的运动”，对印度文化产生了重大影响，因为在此之前，印度妇女在月经期间被禁止进行任何日常活动。泡菜是多数印度家庭的主食，而这场运动鼓励妇女公然挑战传统去“触碰泡菜”——按传统“神话”，妇女在经期触碰泡菜这一行为会引发身体的腐烂。“护舒宝”品牌卫生用品因涉及原本禁忌的话题而被广泛传播，宣称要“触碰泡菜”的印度妇女从 21% 增长到 91%。

创意指导

2015 年成立的公司 THINX[①] 因推出月经专用内裤而获得《时代》周刊“最佳发明奖”，这一产品带来了创新、启迪，打破了现有女性卫生用品的分类定位。甚至是在 2016 年的纽约，“月经”这个词依然是个禁忌，公司创始人想要用这个词制作户外广告，却在选择广告位置时频频遭到拒绝。公司创始人米基·阿格拉沃尔说：“我们要做的还有很多。我们真的面临着性别平等的问题。要解决这个问题，推出一个能打破现有市场定位的产品是很好的开始。”（英国《感染力》杂志，2015）

使用“创意之梯”检测现有的想法和点子。想想哪个因素对公司有利用价值，哪个因素对自己有用。

挑战现状需要下文介绍的元素——自信。

41 Sb 自信

事实证明，创意能力不是少数幸运儿才能拥有的稀有天赋，而是人类思考和行为的自然组成部分。大多数人的创意能力被压抑了。但还能释放出来。释放创意对于个人、公司和社会都有深远的意义。

——戴维和汤姆·凯利

阅读本节之前，先为自己的创意自信打分，满分 10 分。

① THINX：一款专为女性经期设计的内裤，具有防菌、防湿、吸收和防漏功能，被称为“女性内裤界的搅局者”。

我坚信人人都有创意。并非要求给创意能力（我坚信你有这种能力）打分，而是给你自己在创意方面的自信程度打分。因此，如果你打满分，直接跳过这一节内容。但是，如果你想稍微提升一下自己的创意自信，请继续阅读。

帕特森等研究员（2009）在为英国国家科技艺术基金会撰写综合报告时发现，自我信念和自信是创新的两大元素。随着年龄的增长，我们会发展出所谓的“限制性信念”，这些信念会影响我们后半生所做的任何事情。

在研讨会上，经常会有参与者感叹：“我就是没有那么多的创意。”我们对这种潜在的负面评论进行研究后发现，人们之所以产生这种观点是因为儿时被人否定的经历，或是近期自己的工作成果遭到了同事的否定。

艾迪欧设计公司创始人汤姆和戴维·凯利合著的经典作品《创意自信力》就是建立在艾伯特·班杜拉“自我效能”的概念上的，这一概念指的是在特定任务和领域中取得成功的自信程度。喝咖啡的空档，不妨听听戴维·凯利 11 分钟的 TED 演讲。演讲中，他呼吁停止给他人贴标签，如创意人士“必做”或“不该做”的几件事。如果你自信不足，他提出了一些值得深思的自信问题。

创意指导

- 你对自己的创意能力有何信念？
- 参与创意项目的过程中，你的创意自信对其有何影响？
- 想想那些相信你的人。他们如何评价你的创意能力？这是否是一个更有力的信念？

自信与勇气、冒险等多种因素有关。如果你缺乏自信，试着通过了解其他元素找到实际方法来提升自己的创意自信。

20 Mo 动机

创意不是一种天赋，而是一种操作方法。

——约翰·克里斯

帕特森等人为英国国家科技艺术基金会进行的《每日创新》报告表明，动机是创意工作者第三大重要特点。

你最近一次单纯因为想做而做的事情是什么？我最近一次是在冬季假期时，泡完室外温泉后直接跳进冰湖。没有什么特别的原因，我就是觉得兴奋、好玩，心理学家将这种行为称之为“内在动机”。内在动机的其他行为包括：满足感、成就感、幸福感，为了迎接挑战或更加熟练做某事，或是体验某种经历。

契克森米哈（2008）在研究幸福的根源时，提出了“经历”这一术语，意味着“最佳经历”。指的是“哪怕代价高昂，人们也会为因为单纯想做而做的某项活动”。

与之对应的“外在动机”包括赞扬、奖励、薪酬、升职、特权等外部因素，这些都是他人赋予我们的。

你的动机是什么，或者有动机之时是什么感受？动力满满的时候，我就像《维尼小熊》里的跳跳虎，新点子不断蹦出来，有点过度兴奋，感觉马不停蹄地被推着向前。一旦我失去动力，坦白讲，我会面色难看、毫无生气、脾气暴躁、身体懒散，并且不知道下一步怎么办。保持动力的方法之一就是了解自己的价值观，并学会在工作和生活中与之相处。

个案研究

你是否同意下列说法？

- “你有一定程度的智商，但你无法做出太多改变。”
- “你甚至能从基础水平做出改变。”

你回答上列问题的方式反映了你的思维——对自身潜力的自信程度，斯坦福大学教授、世界领先的动机研究专家卡罗尔·德韦克这样表示。卡罗尔在众多元素中，确定了“僵固式”和“成长式”思维对创意的影响。其中一个思维方式是她在接受“思维在线”采访时提出的。

僵固式思维

僵固式思维的人认为，他们的性格是与生俱来的。他们有一定程度的智商，但不会有所改变。如果智商较高，那也是与生俱来的，但如果智商不高……所以，固定思维的人担心自己的性格和自己的能力。他们想证明给自己和他人看。

僵固式思维的人倾向于避免挑战、易于放弃、忽视负面反馈，且幻想他人的威胁。

成长式思维

成长式思维的人认为，自身的能力可以通过努力付出得到进一步发展。如果聪明或有才华，他们当然为之高兴，但这只是个起点。他们知道没人能够完成伟大的事情——莫扎特、达尔文或迈克尔·乔丹都不可以——如果没有持之以恒地抱着满腔热情去练习和学习。

德韦克选择网球明星约翰·麦肯罗和篮球明星迈克尔·乔丹作为体育运动员的典型案例进行对比分析，两者分别代表僵固式思维和成长式思维。德韦克发现，天赋异秉的麦肯罗反感锻炼、不愿承认错误且经常把失败归罪于他人（因此他和裁判争执）。与之对应，乔丹曾在耐克的广告中说："我投篮失误9000多次。吃了近300场败仗。丢掉了26次关键球。"乔丹的天赋来自于持之以恒的付出和练习，德韦克认为，这一切源于他的成长式思维。

具有成长式思维的人从批评、教训和他人的成功中获得启发，他们敢于直面挫折（详见第二章"毅力"）。

我曾为僵固式思维的老板工作，这从长远看不利于创意能力的发展。僵固式思维意味着，每次遇到销售业绩下滑，那些可能有用的（尽管是恶毒的）负面反馈就会被忽略，而不是从中学习经验、继续进步。

每次失败都是其他因素导致的——"这不算真正的营销"，"他们想要小/大公司"，或者"这个策划太烂了"。这种人从来不会自我反思：是不是工作做得还不够，是不是时间投入太少，或者方向走错了。进入第二阶段（第三或第四）比较痛苦，但这意味着能够吸取经验教训来提升自己。僵固式思维的人倾向于把"失败"的责任归罪于他人，容易抱怨、责怪，而非自我反省进行改善。如果老板不停地责怪你，你同样会指责其他人，这种归咎于他人的行为具有传染性。

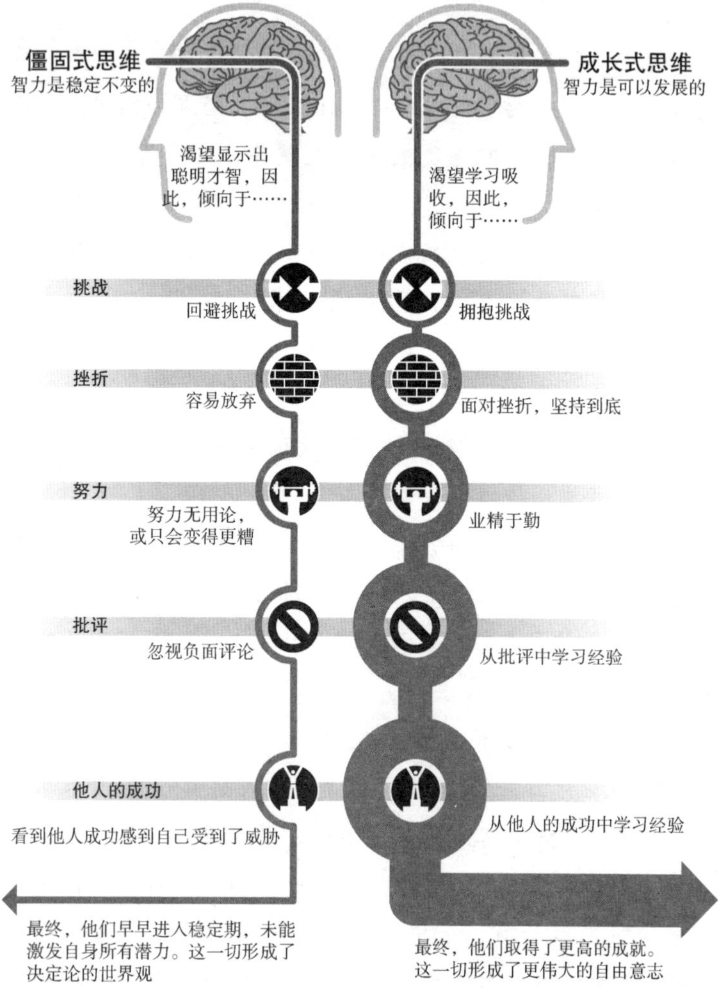

图 3.2　卡罗尔·斯·德韦克博士的两种思维模式

人非驴

我们都知道，长期以来，“软硬兼施”原则一直是教育、商业等领域常用的激励措施。

平克在《驱动力》（2009）一书中否认了诸多激励因素，指出人非驴，因此软硬兼施的激励措施不再适用于21世纪的商业环境。随着技术替代人工而掌控了普通生产线的工作（参见下文“机器人能否替代你的工作”），其他精细工作则走向复杂化。这些工作与创意能力密切相关，而软硬兼施策略可能会“削弱工作热情、扼杀创意及排挤良好行为”（平克，2009）。

平克在大量研究的基础上将动机分为三方面：

（1）自主权。

人类的“默认属性”就是“自主自导”。他认为，要想实现更高成就，人们必须在以下三件事情上拥有自主权：

- 手头的任务或工作。
- 工作的时间。
- 一起合作的同事。

下一章详细分析“自由”对营造公司创意文化的作用。

（2）精通。

指的是“在你所关心的领域里做到更好”——正如上文提到的“顺畅”——“一旦所遇到的挑战恰好在我们可控的能力范围之内，我们能有最佳表现”（平克，2009）。达到“精通”，还需要一种特殊心态，就是第二章提到的一个元素——毅力。

（3）目的。

“人的天性就是追寻某种目的——一项比自身更伟大、更长久的事业。但传统的商业人士始终认为，目的只是一种装饰物——只要不妨碍重要事物，目的性就是一种完美的陪衬品。”（平克，2009）然而，世道在变。

我们创新的动力是什么？为什么要去做？第六章重点讲述“目的性”及其与创意能力的关系。

创意指导

- 不论如何，你总能挤出时间做的事情是什么？做的动机是什么？这与第一章中你所认同的价值观有何关系？
- 回想你上一次的创意或失败的案例：

当时的感觉是什么？

当时的动机是什么？

创意测试

- 通过平克的线上测试了解并找出自己的动机所在。
- 如果你是领导，考虑一下团队的整体动机。从平克提出的三方面分析动机。有无明显的优势或劣势？
- 你如何赋予员工更多的自主自导权？
- 你如何鼓励“精通”？
- 你是否有一个清晰的、鼓舞人心的且有利于创意的目标？

31 Im 想象力

总有某个时刻，几乎不可能的事物成为可能，这就是乐趣所在。

——詹姆斯·卡梅隆

想象力和视野密切相关。每一部电影、每一件产品、每一幅作品、每一项发明、每一本小说、每一个应用软件、音乐作品或编程都源自于某个点子，某个肯定能够实现的点子。社会公认的“创意之才”——列奥纳多·达·芬奇、史蒂夫·乔布斯、亚历山大·格雷厄姆·贝尔、亨利·福特、比尔·盖茨——他们都能够超越现在、展望未来。创意需要跨越未知，把视野和想象力结合起来。

想象力研究中心科学主任斯科特·巴里·考夫曼博士对这一元素有深入研究。他指出，想象力由不同成分组成：“点子形成、心理意象、心理模拟、未来思维、装扮游戏、个人意义生成、情景记忆、视角切入、移情、叙事生成和叙事理解”（《科学美国人》，2015）。

正如《爱丽丝漫游奇境》中柴郡猫[①]所说，“想象力是对抗

① 柴郡猫：英国数学家、童话作家刘易斯·卡罗尔的名著《爱丽丝漫游奇境》中的著名角色，柴郡猫是一只会隐身的咧嘴笑的猫。

现实的唯一武器”，这一说法与本章开头介绍的契克森米哈的研究成果不谋而合。

然而，周一上午在一个密不透风的会议室里，想肆意放飞你的想象力并不容易。创意工具有助于激发想象力（详见第八章），而且我们从神经科学中获得大量启发。下一章中，本·马蒂诺格博士并非探讨想象力是如何运作的，而是用更加实用的方法抑制大脑神经，进而激发新点子。

机器人能够替代你的工作吗？

目前，机器人尚无法复制人的想象力，但科学家正在进一步研究。牛津大学的研究发现，在未来 20 年内，约有 35% 的工作将会被自动化取代。较低操作技能和较低薪资的岗位（年薪低于 3 万英镑）最有可能被机器取代（赛龙·琼斯，2015）。今天，大量工作岗位已经实现自动化，而 10 年前这些还无法想象。优步和谷歌站在了无人驾驶的前沿（不再是出租司机们的闲聊），中国东莞 90% 的工厂工人将被第一批机器人替代。

那些需要换位思考、创意、协商、自主思考、协助及关心他人的岗位被替代的风险最低。创意总监之类的工作不太可能受到被机器人替代的威胁……风险最低的职位是酒店老板！所以，目前我还比较安全……

创意指导

你是否能意识到自己在做白日梦？你如何将这种思绪运用到创意中？

- 你的点子来源是哪儿？
- 你认为有想象力的人有哪些特点？

42 Vi 愿景

几乎所有的创意都是从无到有。

我总是对园丁的能力感到惊讶，因为在寒冷的冬日，树木、地面都是光秃秃的一片，而他们能够提前看到枝叶繁茂、满目生机的样子而进行修剪。建筑师也是如此，他们能看到很多年后的情况。许多创意项目需要结合野心、视野和想象力，下文的个案研究是个典型案例。

个案研究

> 野心是创意的一种表现。有勇气相信某事物的可能性，这是想象力的重要表现。
>
> ——托马斯·赫斯维克

这座工作室建筑由托马斯·赫斯维克于1944年创建，如今已成为伦敦国王十字车站180个建筑师、设计师和制造商的工作室。2012 年奥运会火炬台的创意就出自这里，英国导演丹尼·鲍尔执导的盛大开幕式中，204 个燃烧的铜质火炬筒象征着各个参赛国家。他们通过巧妙结合新旧元素，为 50 年来首次更新的伦敦公共汽车设计了新车型。

46 岁的赫斯维克成功的秘诀之一是：他从不盲目做事。尽管他的每个创意都极具启发性，但这些都是经过广泛研究和想象之后的结果。当然，他的团队进行“纸屋”项目的方法是正确的，关注极其普通的事物——伦敦的报刊亭——然后把普通之物变成兼具实用和美观的东西。

“我们给自己设定了任务——如何在 15 分钟内铺好一个报刊亭，”设计团队表示，“还要找到一种方法，能够在不使用百叶窗和折叠面板的情况下，确保报刊亭的牢固性。”结果令人惊叹：青铜结构搭建，白天日光从顶部射入，夜晚灯光照明充足，节省了报刊销售人员 45 分钟的准备时间。

该团队受聘设计位于英格兰南部汉普郡的孟买蓝宝石酒厂。新酒厂的核心设计理念，参考了当地乡村的历史和建筑风格，包括泰思特河的周边环境。10 种珍奇植物种植在温室里，增添了酒厂的独特风味，使其成为世界第一家植物酿酒厂。

赫斯维克在接受《卫报》采访时进行了一个启发性的比喻：“创意的过程就像是侦查案件，答案就在那里，要做的就是找到它。所以我们进行了一些研究，通过询问排除嫌疑人。”

然后，你“不断跟进线索”，逐步缩小解决方法的范围，“最终只剩下你想要的答案。”（沃德，2012）

当被问到自 2012 年被封为“疯狂教授”之后是否感到压力大时，赫斯维克回答：“‘发明’和‘疯狂’这两个词是相互联系的，也许是源自于英国逝去的老传统，当时有人为了飞翔而跳下悬崖。其实我根本无所谓的，因为实验精神中毫无装腔作势之态。”（沃德，2012）

图 3.3 赫斯维克工作室的获奖设计：孟买蓝宝石酒厂

无论是必须适应科技变化的创业公司商业计划书，还是艺术家对同一幅画的诸多尝试，都表明视野能够改变且应当改变。创意人员必须在实验结果和失败中找到平衡点。牢记日本的一则谚语：“没有行动的愿景是白日梦，没有愿景的行动则是噩梦。”

创意指导

- 思考某个具体的创意项目：

你对之有何期待？

你如何分享这一期待？

- 你受到何种启发？这种启发和你的愿景有何关系？
- 你如何把微小的点子捡起来，将之变成一个大的愿景？

创意测试

- 制作一个和创意项目相关的愿景板，从一堆杂志中随机选出图片和句子，然后通过想象和灵感创作出新的拼贴画。
- 试想一下，你正在阅读一本杂志，其中有一篇关于你的创意案例报道，这篇文章会怎么写？
- 试想你认为的创意项目的理想状态——如果一切进展顺利——你会看到什么？听到什么？有什么感觉？你会注意哪些方面？

21 Dp 纪律

毫无疑问，伟大的音乐、作曲和表演都有种神奇的魔力，就像明星球员身负使命、不能丢球。但也要有付出。没有努力付出，魔力就不会出现。

——Jay – Z[①]

要想实现愿景和创意梦想就需要纪律。海明威在创作《永别了，武器》结尾部分时，前后写了 39 次才满意（《巴黎评论》，1958）。据我的个人经验，许多商业人士认为，创造力是一种自发的行为。你以为进行一场研讨会，第二天一切会有所改变；或者，你认为一起谈论创意就能让每个人变得更有创意。如果你想在某一领域有所成就（或者想让别人有所成就），必须努力练习。世界上最著名的小提琴大师之一奈杰尔·肯尼迪提到："孩童时期，我讨厌练琴，但到了 56 岁，我喜欢这种纪律——每天练琴 3 小时。"（英国卡朋特公司，2013）

如今，马尔科姆·格拉德威尔在畅销书《异类》（2009）中提到的原则——通往伟大的关键之处在于 1 万小时的承诺和练习——已广泛流行。这一原则和"毅力"元素密切相关——质疑了天赋创意的神学观点，证明创意是一项可通过不断磨炼而习得的技能。如果对上文提到的卡罗尔·德韦克的著作有所了解，就会看到她的研究佐证了这一点。

从商业、体育到科学、艺术，纪律在每一个领域不断出现。格雷森·佩里提到："我认识的大多数艺术家都很有纪律性。他们准时赴约，他们投入大量时间练习——因为人人都有点混乱、有点意志薄弱。艺术家不是神话，他们只是实干家。"（BBC 第 4

---

① Jay – Z：原名肖恩·科里·卡特（Shawn Crey Carter），美国嘻哈歌手、唱片制作人、企业家 。

频道，2010）

一次巡演需要耐力、意志力和自我激励，以及每天进入比赛模式的能力……就像一个专业的运动员，只能是日复一日地自我鼓励。

——Jay－Z

世界著名的伦敦表演艺术与技术学校打破了真人秀节目的神话，即音乐家不需要真正努力就能一夜成名。其著名的校友包括：艾米·怀恩豪斯、阿黛尔、RKA Twigs（译者注：原名塔莉亚·巴奈特）和凯蒂·玛露。这些音乐家截然不同的音乐风格表明：这所学院鼓励并传承创意思维。学生的课程包括常规课程、所选领域的课程（舞蹈、音乐、戏剧），以及版权法之类的行业基本知识类课程。但是，前任校长尼克·威廉姆斯爵士表示："学院并非是一所工业化农场。我们做的是吸引那些创意人才——这意味着一切都有可能。"20 世纪 80 年代的真人秀中，舞蹈教练的台词道出了真理："你有梦想吗？你想出名吗？出名需要代价，这里就是你付出代价的起点——用汗水成就自己。"（英国《独立报》，2007）

32 P 激情

下一个元素：激情，经常被富有创意能力的人提及，尤其当他们讨论自身的动力来自哪里的时候。这一元素和目的性有关，在第六章中会深入探讨。

事实上，你对某项事物（工作或其他）的感觉越是强烈，你坚持下去的可能性也就越大。研究人员认为，激情对创意能力十分重要（阿马比尔，1987）。

然而，你对何事充满激情？这是一个内涵丰富的问题，也是许多作家（包括平克和吉尔伯特）讨厌的问题，因为激情要求我们付出很多。平克建议人们不要变得热情，而是要变得忙碌起来。

因此，套用乔布斯的话：你如何把自己的那种“干劲儿”融入社会之中？

创意指导

- 如果你对某事物抱有激情，那么纪律就会随之而来。你对何事抱有激情？不论你多忙，你总会挤出时间去做的事情是什么？
- 你如何把激情带入到创意之中？
- 你对“激情”这一词语有何看法和见解？这些看法带来什么影响？充分发挥热情的一面，能给你带来哪些益处？
- 你对“纪律”这一词语有何看法和见解？这些看法是否给你带来影响？充分培养纪律性，会给你带来什么好处？

个案研究

连续创业者迈克尔·阿克顿·史密斯第一次成名是因为他设计出了“国际象棋式烈酒杯”（首次把这一著名的策略游戏和酒

杯结合起来）。随后，他创建了小商品零售网站。2004 年，他创建了 Mind Candy 儿童游戏公司，并把电子宠物莫希怪兽推广到全世界千万儿童的手中。如今，迈克尔仍是 Mind Candy 儿童游戏公司的董事长兼创意总监。

图 3.4　迈克尔·阿克顿·史密斯

现在你经营着一家规模不小的公司，那么在日常生活中，创意所占的比重有多大？

“我发现，公司的规模越大，运用创意的地方就会越来越少。这让我感到难过。和来自世界各地的员工一起工作，这需要一种截然不同的思维方式，要能够在第一时间激发他们的创意。所以，2014 年，我和公司的首席运营官达维尼亚商量后达成一项约定：她负责公司的经营业务，而我侧重于创意指导，重新负责我所热爱的创意工作。事实证明，这次分工的效果很明显。”

你是否有过这种经历：某种困难迫使你挑战自己的创意极限？

“记得小时候，我经常做一些书签然后在家门口卖。为了不让书签被风刮走，我和妹妹会把石头放在上面。有人会走过来问石头怎么卖，所以我们及时改变销售策略，假装是在卖形状各异的石头。但是，最让我感到紧张和痛苦的，是公司早期研发的寻宝游戏‘迷宫城市’。这个游戏极具创意，但在商业上根本行不通，可是公司已经把大部分钱都投在了这个游戏上，所以迫使我想出了莫希怪兽这个游戏。我坚信窘境出创意，不论是时间窘迫还是受客观束缚，困境能激发创意。当你成功了，什么愿望都能实现的时候，反而很难想出新点子。”

你是否相信下一个伟大的创意可能来自自己的员工？

“让公司所有员工都能自由表达自己的创意观点，这是一件好事。我们每周都会开一次新知识产权讨论会，会上探讨所有正在成型的新点子，经过探讨、挖掘，把最好的点子付诸实践。公司任何一个有想法的人都能参与这个讨论会、参与到创意团队当中。”

现代环境下，人们如何能够提高自己的创意能力？

“好奇心再多一点。尽可能多地接触新鲜事物。就像罗斯福夫人所说，每天做一件令你害怕的事情。只有让自己置身舒适区以外，才能更好地了解世界和他人的想法。你也可以进行创意练习——我偏爱的练习是把两件截然不同的事物放到一起，然后看看能碰撞出怎样的产品和点子。烈酒和象棋就是很好的案例。”

失败和试错是创意过程的重要部分，你是否同意这种说法？

“当然同意。我认为，如果害怕失败、始终停留在舒适区，那么，你根本不可能想出那些奇特的、能够震撼世界的点子。但是，为了激发创意，你必须不断离开舒适区，失败的次数肯定会多于成功的次数。所以，要想成为富有创意之人，你必须接受失败而不能被挫折打败，每次失败后都再来一次，直到有了惊人的发现。”

43 Fe 失败

> 你必须经历过多次失败，必须在成长早期经历失败，并在频繁的失败中前进。
>
> ——威尔·史密斯

失败是本章最后一个元素。愿意失败是创意能力的重要表现。但失败很难让你的头脑豁然开朗。另一方面，太多的失败容易被贴上“失败者”的标签。但只要坚持向前，时不时的失败是绝对必要的。

我知道，接受失败说起来容易做起来难。某个挫折——哪怕是一个小挫折——所带来的那种可怕的、自我否定的感觉很难摆脱掉。如果体会过失败带来的痛苦，那么为什么还要再次冒险？前文提到，一旦处于一种责备文化或僵化思维的工作环境，那么在短期内你不太可能获得试错的机会。

牢记重要的一点：失败并不意味着职业生涯的终结，某些小失败反而可以增进理解、有助于下一次做得更好。

恐惧扼杀创意

知名美国演员威尔·史密斯在接受 BBC 主持人赞恩·罗威的

采访时表示："恐惧能够扼杀创意。"

史密斯是好莱坞收入最高的演员之一，有人认为他飞黄腾达之后的发展一定顺风顺水，但并非如此。他拍摄《拳王阿里》时，为了让自己的造型看上去更像拳王，他足足增加了35磅（约32斤）肌肉，这样更像一名职业拳击手。史密斯也遇到过挫折：2013年由他主演的电影《重返地球》在影评网站"烂番茄"仅获得了11%的新鲜度（3.9分，满分10分）。接受BBC采访时，史密斯承认，这部科幻灾难电影是职业生涯"最痛苦的一次失败"。

史密斯说的"在失败中前进"究竟是什么意思？"拍完《重返地球》之后，我就回到跑步机上继续锻炼，"史密斯表示，"我必须回到正常状态，从失败阴影中走出来，接受跌倒的事实。如果你不接受跌倒失败，那你就不会更进一步。"

史密斯所说的话和那些创意老手们的观点一致："（遇到失败）振作起来，拍拍灰尘，然后重新启航。"（菲尔茨、克恩，1936）

失败品博物馆

一般说来，人们只听说过成功的产品，但是即使是大品牌有时也会失败。美国密歇根州的失败品博物馆收集了大量因销售业绩不佳而被市场淘汰的消费产品。在那儿你能找到伊卡璐推出的酸奶洗发水（之前还有另一个失败品：脱脂奶洗发露）、吉列公司的"专为油性发质设计"的产品和百事的早餐可乐，它们的存活期都不超过1年（博克曼，2012）。

个案研究

科技初创公司遇到美国联邦政府的议题

当现状变成最危险的选择，除了激进的变革便没有其他选择。

——海莉·范·戴克

有时候失败是改变的催化剂。海莉·范·戴克为当时的奥巴马政府工作，将硅谷科技公司最优秀的思维模式引入政府议题。2006 年，她在名为“一个初创公司如何改变商业模式”的 TED 演讲中提到，联邦政府每年在 IT 项目上的支出超过了 860 亿美元，没错，这比整个风险投资行业的资金还要多。

范·戴克提到，96% 的项目都超出预算或延迟到账，有 40% 的项目被放弃。范·戴克说：“这对任何政府来说，都是非常痛苦的。这意味着政府必须按计划继续推进，而失败已经是在所难免的。所以，当现状变成最危险的选择，除了激进的变革便没有其他选择。”范·戴克参与了 2015 年的美国数字服务项目，旨在解决美国老兵 137 天领取福利之类的问题。此前，美国老兵为领取福利，往往会迷失在 1000 个相关网站和 900 个不同的电话号码中。

联邦政府聘请了来自脸书、谷歌、亚马逊和推特的优秀人才组成一个新部门，旨在建立一个互通的数字政府。这些技术创新人才与公务员结对子，以传授知识和技能。范·戴克补充说：

"这是政府有史以来做出的最关键、最重要、最能改变生活方式的战略计划，重点安排部署了这些创意人才。最终，我们让这些人才接触到各级领导层直到总统本人，以便更好地提供数字化服务。"

创意指导

● 回想一次你认为比较失败的经历。

事后再看，这次经历有何益处？

你从中学到了什么？

转折点在哪儿？

● 你如何看待挫折？如果你没有失败，做什么事情都像师长一样完美无缺，那么，你会如何看待实践？

● 受到打击之时，你如何重新调整好状态？

本章回顾

● 本章所有元素中，你最熟悉哪一个？

● 你永不妥协的事情是什么？

● 哪些元素对你的创意有所帮助？

● 为了实现它，你会怎么做？列出你今天能做的三件事。

● 根据本章内容，评估自己最大的优势和最具发展潜力的能力。

表 3.1　价值观

元素	关键问题	你最大的力量是什么	你最希望进一步开发的元素是什么
开放（O）	你是否乐于尝试不同的新事物		
自我（E）	你在做决定时是否受到自我的影响，好还是不好		
叛逆（No）	你对叛逆的接受程度是多少		
自信（Sb）	你对“我有创意”的自信程度有多少		
动机（Mo）	你创意的动力是什么		
想象力（Im）	你的想象力有多少		
愿景（Vi）	你对项目或同事有何期待		
纪律（Dp）	你如何约束自己的创意思维		
激情（P）	激情在多大程度上激发着你的行动		
失败（Fe）	你是否愿意从失败中吸取教训		

小　结

以上研究成果和个案研究表明，一个人的创意能力不是一成不变的。人们可以通过吸取失败经验、利用纪律、理解自身动机、树立自信和学习新技能等多种途径提高创意能力。僵固式思维或成长式思维决定着你是失败或者成功。

第四章　创意思维

创意元素

本章讨论以下 10 个创意元素：

认识你自己。

——古希腊名言

我始终着迷于人类大脑中的 3 块沟壑状的灰白质究竟是怎么运转并产生创意的。最新的神经科学研究能否提供一种证据确凿的方法来管理创意思维以产生更好的点子呢？

经常有人问我“达到巅峰状态”的秘诀是什么，是否有方法控制自己的创意思维。每当被某一问题困住，我有 3 种比较有效的处理方法：锻炼身体——散步或是玩乐器（或跟着动感的音乐——类似于碧昂斯的歌曲——在办公室跳五分钟）；打个盹、休息一下；找一个与项目完全无关的人谈话，或许会有新发现。

因此，本章我邀请了神经科学家本·马蒂诺格博士，带领我们了解创意过程中大脑的运作方式，并解释了有助于提升创意思维的多种因素。

尽管神经科学取得了些许进步，但对于创意思维过程，脑科学家尚未找出完整的、令人信服的解释。毕竟，真正的创意不会在无菌的实验室环境里发生。创意的产生就像诗人漫步丛林之中突然获得了灵感。足球运动员在攻破对方防守之时不会产生创意。在自由撰稿人处心积虑的创作中，在孩童第一幅绘画作品中，也许会显现出些许创意。

因此，神经科学家不再试图统计这些截然不同的灵感，而是开始着手研究创意思维的心理因素。正如我们熟悉了商业贸易的各个环节之后，就会开始提升各项已获得的贸易技能，同时习得新技能。同理，我们应更多地关注为创意所做的努力。我们故意模拟不同的活动、情绪及场景，以观测大脑的运作，进而为不同的创意行为做出合理的解释。一起来看看测试结果。

思考，快与慢

2011 年，诺贝尔奖获得者丹尼尔·卡尼曼出版了名著《思考，快与慢》，他在书中总结了人类大脑的两种思维模式。一是快速、直觉式的“系统 1”，这一系统多数情况下在人类意志和控制之外自动运行。二是人们所熟知的且能够被意识到的“系统

2”，这一（相对的）慢系统很难被骗，它倾向于证据，不会轻易下结论。

本章谈及的创意元素与人脑有关，整体上可按这两大系统分类。

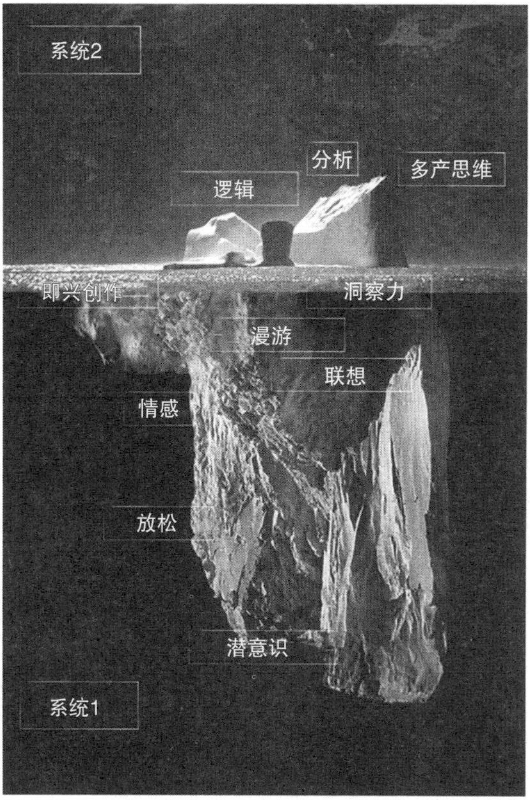

图 4.1　思维的两个系统：系统 1（快）与系统 2（慢）

注：按丹尼尔·卡尼曼的观点，本章的创意元素可粗略地分为“快”（系统 1）与“慢”（系统 2）的大脑功能。正如上图的冰山一角，我们能够意识到系统 2 的相关元素，而大部分创意元素都发生在系统 1 的潜意识里。需要注意的是洞察力和即兴创作处在两个系统的边界处。

系统 1 是潜意识区，是人们“漫游”和“放松”的状态，是大部分“联想”思维发生的区域，是“情感”的诞生之地。

系统 2 包含逻辑和分析能力。当人们集中精力之时，就是在运用这一系统。正是系统 2 帮助人们朝目标前进。

系统 1 和系统 2 占比相同，表明两者都不能单独主导创新。事实上，大部分创意就是在两个系统之间徘徊之后产生的。仔细观察之后的灵光一闪就是系统 2 选择的结果。但是，这首先是系统 1 孵化、酝酿和培育的结果。

你会看到，进行即兴创作的时候，大脑正处于两个系统的接壤处。人们有意识地朝某个目标前进，但完全依靠系统 1 收集储存经验——技能、知识和记忆。

由于系统 1 对创意至关重要，且经常被误解，因此，我们首先要了解的是“潜意识”。

22 U 潜意识

我会在不经意间产生新点子，比如火车上或走进办公楼的那一刻，好像从灌木丛或街角冒出来一样。

——约翰·惠斯顿

西格蒙德·弗洛伊德曾把人类思维比作冰山。有意识的思维过程——推理、感觉、意识——都是冰山尖角部分。阳光照射下，人们看到了冰山尖峰而忽视了海水之下的庞大冰体。弗洛伊德认为，被淹没的冰体和未知领域都属于潜意识范畴。海水下方才是心理活动发生的关键区域。

一个多世纪以来，人脑科学研究在深度和精确度上已取得突飞猛进的发展。弗洛伊德的部分观点已被证明有失偏颇，但现代神经科学完全承认了他的冰山理论。事实证明，那些被频繁感知到的、强烈的、有意识的感受并非大脑的核心活动。相反，这些有意识的感受发现自己处于边缘地位，于是试图去理解和影响像超级计算机一样的潜意识的运行机制。

潜意识的心理活动对激发想象力有着巨大作用。这就解释了为什么英国诗人威廉·布雷克声称他在创作《米尔顿》一诗时，“毫无构思，甚至违背了自己的意愿”。这就是为什么法国数学家亨利·庞加莱说自己最出色的点子是“自行冒出来的，而且之前的思考没有起到任何作用”。这或许就是为什么爱因斯坦声称：在没有意识到问题之前，他就能“看到”解决方法。

脑科学家早已越过了这些逸闻趣事，如今，他们正在捕捉并研究创意思维过程中的潜意识。

成果最多的潜意识研究之一就是孵化效应。当你迎头而上、想要解决一个创意难题，反而会适得其反。2006 年，心理学家迪克斯特修斯和默尔斯做了一个实验：邀请参与者尽可能多地列出积木的用途。第一组在动笔之前有 3 分钟的思考时间；另一组在动笔前则完全沉浸在一个简单的电脑游戏中。经过短时间的潜意识孵化，后一组列出了更多的积木使用方法（迪克斯特修斯、默尔斯，2006）。

暂停休息之后队员表现出色，这不仅仅是体能和注意力有所恢复的结果。最近一项脑成像研究表明，潜意识始终在默默地关注问题所在（克雷斯威尔等，2013）。参与者接受一项挑战，然后被记忆力测试分散注意力，脑成像清楚地表明潜意识区域在默默地处理挑战任务。

个案研究

英国独立电视台“肥皂剧之王”的孵化效应

被称作“肥皂剧之王”的约翰·惠斯顿现任英国独立电视台董事长兼电视连续剧负责人，他的业务职责包括为电视连续剧《加冕街》和《埃默代尔》提供创意点。惠斯顿会写下必做的创意清单。他有意把孵化效应利用到创意过程中。

他在采访中说道：

“如果有人请我提供点子，比如说发来一封邮件说明想要什么样的点子，我不会仔细看这封邮件的。我只会浏览一下，挑出要点，然后并不急于思考。我会用两个简单的词把邮件的要点先写出来。这种方法结合了两点：懒惰（我还有其他轻松、简单的事情可以做）和骄傲（我还没好点子，没有好角度。我不想苦苦寻找完美的答案；我其实可以那样做，但它违背了我的意愿）。

我有意识必须回复那封邮件，而且，只要坐在电脑前，收件箱不停地响，也起到提醒作用。但我会在不经意间产生新点子，比如火车上或走进办公楼的那一刻，好像从灌木丛或街角冒出来一样。

接下来就简单多了，我只要顺着这个点子补充一下，然后回复邮件。

但我不会再看原始邮件了，因为我担心，其他细节信息可能会限制我的思路甚至是扼杀新点子。

听上去有点傲慢。但并非如此。你已经意识到不可能面面俱到地回应每一个细节点。这比那些事无巨细的人好不到哪儿去。换个角度，或许你五次中只有四次切中要点，没关系，最起码你回复的内容不会跑题，也不至于让对方认为你根本没有看邮件。”

睡一觉再说

另一种引导潜意识的直接、有效的方法就是睡觉。伊利亚斯·豪在夜晚做梦时梦到了缝纫机的改善方法。有报道称，门捷列夫在睡梦中想到了最初的元素周期表（“这个方法是在我看完《绝命毒师》后进行按摩的时候突然想到的”）。流行文化充斥着从梦中获得灵感的创意故事。然而，脑科学再一次佐证了这一点。2009 年卡伊等人进行的研究表明，快速眼动睡眠阶段，也就是做梦的阶段，对解决创意问题尤为关键（卡伊等，2009）。

潜意识能够通过增加刺激、酝酿问题、在白日梦中游走、形成意想不到的联想等途径，促使人们发掘出相关的新见解。

在创意过程中必须留有孵化时间。一个人工作的时候如此，指导员工的创意能力时更是如此。如果你是领导，提前把某项创意挑战传达出去，让员工在开会之前就有所思考。会议开始前，先让员工表达看法和意见。如果你有冒险精神，还可以让所有参加头脑风暴的员工提前给自己的潜意识写一封信。最起码给员工一些时间，让他们利用分析能力去思考问题，然后期待他们能孵化出哪些创意点。

33 Re 放松思维

放松思维这一元素，探讨的是如何培养潜意识并进入更好的创意状态。今天，神经科学家正在研究人脑在放松状态下的运作机制，以及为什么放松状态下的人脑能够激发出更多创意。

自古希腊数学家阿基米德开始，洗澡间就成为一个激发创意的特殊空间。这位伟大的数学家在洗澡时发现了相关原理，高呼“找到了！”并冲出浴室。这一故事广为流传，给国王的这种回答可能是杜撰的，但这个故事包含了有用的信息。在享受热水浴的时候，谁没有类似的创意经历呢？

放松思维的状态下的脑波被称为阿尔法波。科学家在人脑清醒且放松的时候能够检测到大脑表层有规律的电波活动。这些阿尔法波的运行速度比警觉、集中精力时的脑波要慢一些，但比深度睡眠时的慢波要快一些。

20 世纪 70 年代，美国心理学家科林 · 马丁代尔首次找到了阿尔法波和创意之间的联系（马丁代尔、海恩斯，1975）。当时这一研究并未引起重视，直到今天，神经科学家重拾这一领域的指挥棒。如今，阿尔法波被认为是创意过程中最稳定的大脑特征（芬克、贝内德克，2014）。阿尔法波对洞察能力尤为重要，比如，人们努力想出创意点时，阿尔法波也会进行活动。那些被认为更有创意的人往往拥有更多的阿尔法波。而且，阿尔法波运动之后往往会产生出色的点子。

即使如此，一个重要的问题仍需解答：阿尔法波是否能提高创意能力？或者，它们只是恰好和点子的产生发生在同一时间？2015 年，北卡罗来纳州的神经科学家首次给出了解答（卢斯滕贝格等，2015）。科学家在试验者前额贴上两个电极，然后通上交流电。交流电激发了大脑前额的阿尔法波，这些脑波使试验者的创意测试分数有了显著提高。

不要自行尝试

听上去很简单——一点交流电就能让大脑进入创意状态。但是，请不要相信那些自制大脑电子刺激器配方的网站。实验者使用的是专业的设备和低压电流。现在还无法判断这种刺激是否真的是零风险。

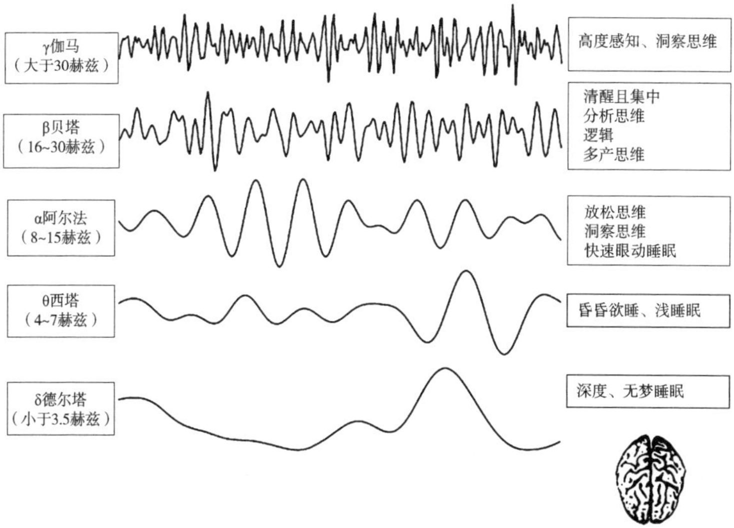

图 4.2　普通成年人与创意元素相关的脑波类型

如今，科学家还没有完全理清阿尔法波的本质，以及它们激发创意能力的原因。目前，最合理的猜测是：这些电波阻断了新的感官刺激和对任务进行的思考（芬克、贝内德克，2014）。大脑摆脱了嘈杂的打扰因素，安静下来之后开始聆听那些不断增强的预感和试探性的新想法。

但是，要注意——放松状态不会解决你的创意难题。工作的时候，请求领导是否可以泡浴缸是没有意义的。你的（明显紧张的）分析思维首先需要搜集信息，然后解决掉那些小问题。随后，可以使用提炼方法刺激你的多产思维。真正的诀窍在于：知道什么时候该施压，什么时候该放松，让放松思维来接管下一步工作。

多数公司都会进行头脑风暴，在办公环境中培养阿尔法波或许并不容易。本·马蒂诺格博士认为，在更加安静、更少压力的环境下，阿尔法波更容易出现。

如果你想提供便利，最好的方法就是尽可能地放松小组成员的思维。许多人开玩笑地说：附近的酒吧才是创意的诞生地。或许那里的气氛和一杯饮品有助于激发创意思维。我曾和团队成员在一个阳光明媚的日子里，一起躺在草地上望着蓝天白云，让思想尽情游走。尽管这种方法并非适用于每一个人，但如果想要缓解员工压力，可以参考第五章美国艾迪欧公司的方法。

创意测试

在办公室放松自己：

- 手机调到飞行模式，退出邮箱 App，关掉记事本提醒。
- 试着放松下来，戴上耳机。

- 离开办公桌——哪怕 15 分钟。
- 去不同的餐馆吃午餐，鼓励自己走一条不同的路线。
- 走出去，找一条板凳，坐下来休息。让思想放飞一会儿。
- 停止现有计划，理清你的想法，以一种更合理的方法迎接更大的挑战。

如果在家，可以洗个热水澡放松一下。也可以听听喜欢的音乐、沉思、做运动或是安静地品尝美食。事实上任何远离社交的活动都有助于缓解压力。这样，你的思维就会放松下来，进而产生阿尔法波。

有时候，思想放松的我们会游走到其他有趣的地方，这就是下一个元素：漫游。

44 W 漫游思维

> 你从白日梦中获得灵感，从无聊中获得灵感，你总有新点子。作家和普通人的唯一区别是：前者能够意识到自己所做之事。
>
> ——尼尔·盖曼

看完这段话后停止阅读，闭上眼睛，尽力停止思考，待在原地，保持两分钟。

有什么感觉？你很可能经历了片刻的宁静。然后，一个念头突然冒出来。即使你甩掉了这一个，又会冒出来另一个。

人脑是种不安分且蠢蠢欲动的物质

事实上，心理学家认为，每个人每天平均有 46.9% 的日常时间处于分心和走神的状态（基林斯沃思、吉尔伯特，2010）。

与此同时，神经科学家已经确定了一组在走神状态活动的大脑区域。这种大脑活动是如此普遍以至于科学家将其称为大脑的“默认网络系统”。

这个默认网络系统关注日常生活中的琐事，绝大多数思维由此产生。当你排队买咖啡的时候，肚子尴尬地咕咕叫，当时你可能想的是午餐到底吃什么，或者你正在为下周要做的 PPT 而感到烦恼。

偶尔，我们的思维会放松下来，用意想不到的方法把各种观点联系起来。我们思考的是事物会变成怎样，而不是事物本身的样子（第三章提到的元素“视野”）。有时候，游走的思维会变成精心设计的创意梦。

然而，直到现在，尚无确凿证据表明漫游式思维有助于普通人的日常创新能力。心理学研究的大部分数据反映的是分散注意力和沉思的负面影响。

2012 年，加州大学圣芭芭拉分校的认知科学家开始改变这一研究现状（贝尔德等，2012）。这些科学家进行了一项简单实验。他们邀请 145 名学生进行一项经典的创意测试——尽可能多地想出日常物品的用途，比如回形针、报纸或积木。他们让学生休息 12 分钟，然后进行下一个创意任务。

在休息期间，第一组学生进行了完全与任务无关且需要全神贯注的活动；第二组学生进行了简单、重复的任务（只需要指出颜色鲜亮的箭头出现在屏幕左边还是右边）；第三组学生无所事事地等待。

进行简单任务的第二组在 12 分钟里没有对挑战任务进行思考，但研究证明，该组比其他组表现出更多的漫游思维，而且提出了更多的积木和回形针的用途。

从以上实验可以看到，面对创意问题，首先要解决那些能解决的小问题，然后停下来，做点其他事，最好是无聊的事。比如，把办公室所有咖啡杯都清洗一遍，在超市收银处选择队伍最长的等待，或是参加一个毫不相关的研讨会。不可避免地，你的思绪会进入漫游状态，幸运的话，默认网络系统会无意识地思考你所面对的创意难题。

尽管这不是一门精确的科学，但随着时间的推移，加上些许坚持思考的毅力，漫游思维会悄悄地变成洞察能力。

创意测试

来一场创意之旅

虽然我不知道点子从何而来，但我明确一点：它不是从电脑中得来的。

——约翰·克里斯

如今，人们在各种电子设备上花费了大量时间，以至于历史学家西蒙·沙玛称之为“低头”的一代。我们既可以与世界各地的朋友、家人和同事建立联系，也能从周围的灵感和感知来源中分离出来。因此，“抬头看”，在住所或办公室里寻找问题的答案。

试试这些方法：

● 先理清自己所要解决的问题究竟是什么。具体是什么问题？对自己重复几遍。

● 如果是第一次尝试，你可以故意营造思考空间，但随着经验的增多，你可以随时进行这一操作。只需要“抬头看”然后仔细观察。

● 走出去。关掉手机。带上纸和笔随时做笔记。

● 让自己漫无目的地游走。接受你所看到的、遇到的一切事物，不要妄自评判。和陌生人交谈，一起拍合照，走的时候记下联系方式。

● 不要迫于寻找答案，让思维慢慢地自然渗透。满足于未知事物。可以拍照或随机选择刺激物：明信片、一片树叶或者一张传单来提醒自己。

● 可能的话，说服某个同事或朋友和你一起进行练习。分开漫游，然后汇合，对比笔记然后交换观点。

你注意到了什么？

你是否捡到物品或拍了照片？这些事物能否帮你建立联系？参见下一元素：联想思维。它们对你的问题有无帮助？

● 你是否想到了新问题、新主题、点子或是答案？利用这些观点进行思考。如果你陷入困境，或无法建立联系，那么，思考一下问题形成的原因是什么？你需要做，但你还不知道的是什么？你是否需要更多时间？

● 关于挑战自己思维的过程，哪些是你之前不知道的？

23 As 联想思维

左想想、右想想，上想想、下想想。哦，只有努力想，才能想出来。

——瑟斯博士

人们脑海中都有一个强大的内在搜索引擎：由大脑灰质构成的谷歌搜索。给大脑提供一个观点、一种感觉、一种嗅觉或者一段记忆，它会第一时间轻松搜索相关链接，甚至一个词也可以。

鳄梨。

刚才你的头脑中闪现出什么？你想到了什么？梨、石头、圆滑的、水果、绿色、恶心、不成熟，还是其他？

这个词进入你的大脑，就像一滴墨水滴入水中。在几微秒的时间内，大脑迸发出许多联想，然后快速消散。大脑中的联想记忆系统用于分类、描述和唤起相关记忆；甚至能激活身体的感觉和情绪反应。大多数未被意识到的联想十分疯狂。

早在20世纪60年代初，先驱心理学家萨尔诺夫·梅德尼克便提出联想记忆是创意思维的核心（梅德尼克，1962）。他认为，更有创意的点子拥有更多意想不到的联系，能把看似无法连接的东西结合起来。更重要的是，这些组合方式“有意义”、有效、能激发创意。

最近一项神经科学研究证实了梅德尼克的观点。以色列巴伊兰大学的大脑科学家让144名志愿者在1分钟内从96个单词中列出所有关联项（肯内特等，2014）。研究人员把受试者的组合列

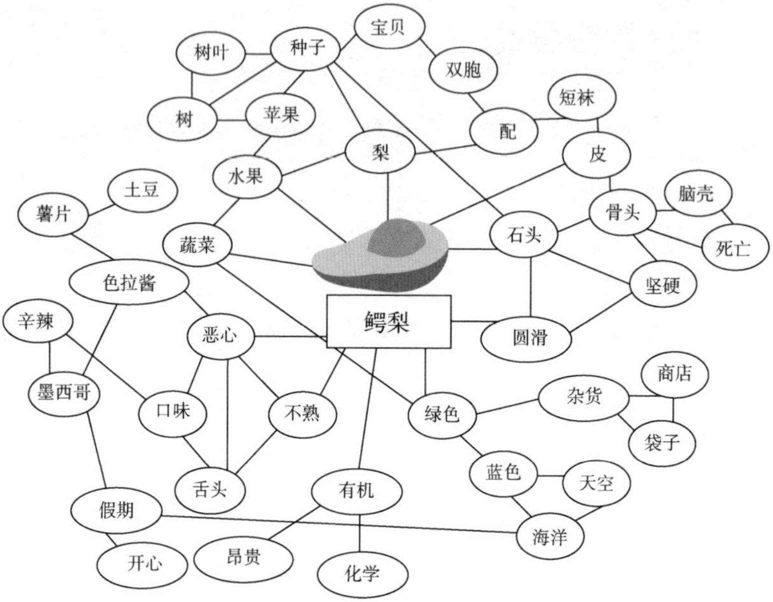

图 4.3　当提到“鳄梨”一词时，大脑密集的联想云快速、自动启动，这是大脑记忆云的微小片段

注：这是大脑联想记忆云的一小块片段，表明当提到“鳄梨”一词时，大脑密集的联想系统迅速启动。这些记忆网高度个性化，并且有可能在不同的想法、点子、概念和记忆中创造出意想不到的创意组合。

表重新组合，创建了每个人的“联想云”。事实上，这一研究展现了大脑联想记忆的瞬时片段。

和梅德尼克的猜想一样，缺乏创意之人拥有相对分散的记忆云，而更具创意的人则产生了紧密的联系网。要想把意想不到的事物糅合成新颖的点子，这正是我们所需要的。

肯内特的研究关注的是创意人士和普通人大脑功能的内在差异。但是，此刻的我们能否释放联想思维的力量呢？

最近的几项心理学实验提出了可靠建议：移居国外似乎会有所帮助（麦达克斯、加林斯基，2009）。但对于大多数人来说，这个建议并不可行。幸运的是，精神旅行似乎也能起到一定作用。印第安纳州的研究人员邀请参与者说出尽可能多的出行方式，当被告知这是远在希腊的研究员提出的问题，受访者明显提出了更多的点子。

这里有一个明确的信息。如果你想跳出盒子思考，那么试着利用非常规的方式来架构创意挑战（第八章介绍的创意工具会有所帮助）。强迫自己从另一个角度进入联想记忆区，试着想出更多的创意组合。

34 Em 情感

如果你的工作需要唤起创意能力，你很容易忽略“情感”会对“思想”产生巨大的影响。

就好比你带着想象力开始工作。当然，并非如此简单。你在上班路上是否和别人发生过口角？早餐时是否和爱人吵过架？今早阅读的书是否有趣？

谈到创意，你的情感因素十分重要。大脑科学家着力研究其原因。积极的情绪似乎对创意思维有着尤为明显的影响。心理学家早有类似的推测。1987 年，马里兰大学的研究人员（伊森等，1987）向参与者播放了 5 分钟的电影片段，一组观看有趣的西方节目（电视人的搞笑花絮），一组看无趣的教育片（数学学费问题）。观看有趣节目的小组在创意测试中获得了更高得分。有时候，一小包巧克力也能达到同样的效果。

正如快乐有助于激发更多创意，反之亦然。富有想象力的创意组合会让人感到更加愉悦（布鲁尼等，2013）。幸运的是，当你进入创意区便开始了良性循环——好的点子令人愉悦，并为更多创意扫清了道路。

但是，为什么积极的情绪和灵感有所关联呢？研究人员认为，这一切关乎注意力。人在焦急和难受的时候，注意力会随之下降。人们会放大细节，落入“生存模式”，只会关注实用性和现实性。有时候，这种注意力是有益的；但是，积极的情绪才能拓宽眼界、酝酿独特创意。

将下列大脑科学成果运用到工作中：

创意测试

- 把创意研讨会变得更有趣。
- 找机会玩和笑。
- 引入某个竞争元素。
- 对成果进行奖励，并帮助队员摆脱失败的阴影。
- 会议间歇播放 5 分钟喜剧短片。

一旦与会者心情愉悦、乐于接受他人观点，那么会议室就会开始涌现点子和见解。

关于“情感”的最后一个要点：一旦进入到正确的创意情绪之中，务必认真思考目标受众对产品的看法，这种想法会对受众的行为产生巨大影响（参见广告从业者协会的研究报告）。

小提示：可悲的是，快乐并不能解决所有创意问题。请看下一个元素：逻辑。

45 L 逻辑

我坚信的格言是，一旦把不可能之物排除在外，无论剩下的是什么，无论多么不合理，肯定都是真理。

——夏洛克·福尔摩斯

第三章中，探讨了创意人士的性格特点，或许你的脑海中勾勒出一个特立独行者：顽皮、不囿于传统、不理性，甚至有点疯狂。

如果请你列出10位最佳创意天才，你的名单里很可能包括：艾伯特·爱因斯坦、查尔斯·达尔文、史蒂芬·霍金和艾萨克·牛顿。

这些科学家都是理性和逻辑的忠实拥护者。这种不协调的搭配表明，尽管我们知道逻辑是创意思维的关键支柱，但这一因素往往被忽略。这不仅是科学家们需要解决的问题，其他领域亦然。没有逻辑，数学公式和音乐就变成噪声。优美的诗句都是建立在清晰的结构之上，莎士比亚的诗句尽管情节曲折、难以解读，但仍可以用一种“有意义”的方式展开分析。

逻辑思维不仅提供一个思想框架，而且帮助人们大胆思考。

如果有证据表明这个领域内已经有相关思想了，那么我会积极地跳到这个领域之外进行思考。

——泰瑞·普莱契

以诺贝尔奖获得者巴里·马歇尔和罗宾·沃伦为例。两人证明了细菌能够引起胃溃疡。当时，大多数医学家嘲笑他们，称细菌在胃里根本不可能存活，只有压力、饮食和胃酸会导致溃疡。

但事实并非如此，马歇尔喝下了充满细菌的培养液，这使他患了严重的胃溃疡。马歇尔和沃伦从此根除了所有教条和错误的假设，并在医学领域重新建立了精确且更具创新性的理论。

容易走的道路往往将人们引向习惯和大众思维的方向。而逻辑思维能够帮助你看到不同景象，发现市场差距或找到理论漏洞，还能帮助打磨你和同事发现的点子。

脑科学家已经搜集了相关线索，以帮助人们调整思维方式。澳大利亚心理学家乔·福加斯认为，负面情绪有一定益处。根据他的观点，除了提高记忆力和毅力，一点点悲伤有助于提升逻辑能力。悲伤能够提升你的判断力，减少心理偏见，不轻易相信他人（福加斯，2013）。你甚至不需要真正悲伤起来，有时候，简单地皱皱眉头就能帮你理清思绪，避免常识性错误（卡内曼，2011）。

所以，考虑在创意讨论会上营造快乐气氛吧（参见上文的情感元素）。一提到策略和评估，气氛就会变得更严肃。运用书中介绍的评估工具（第八章）来制订合理的方案，包括考虑目标受众的情绪因素。如果你的情绪比较低落，反而可以控制思维角度（但是容易分心），进而集中注意力，提高分析能力。创意过程就是从真诚的态度开始的。

个案研究

市场营销中，情感超越理性

你最近一次看了电视广告、听了广播广告或是看了投递到家门口的宣传册，然后购买了某样商品是什么时候？什么内容引起了你的注意，并激发了你的购买行为？

很可能是因为一种情感反应。最好的广告不会传达理性的信息，不会劝服你购买某样东西。相反，这些广告会营造温暖的感觉、引人落泪、令人惊讶或是激起片刻的兴奋。

几十年来，顶尖的市场营销人员深谙此道。英国广告从业者协会发布的行业报告（比内、菲尔茨，2013）分析了过去30年中几百个成功的广告案例，最终也证实了这一点。

研究人员发现：

- 情感诉求的广告带来的利润几乎是理性广告的2倍。
- 情感诉求广告的影响力持续数年之久，利润呈递增态势（在3年多时间内，情感诉求和理性诉求的广告利润差超过了20%）。
- 长期稳定的品牌偏好与大脑系统1相关，而短期有效的理性诉求广告和价格策略与系统2相关。
- 消费建议：平衡心理和思维因素（比内、菲尔茨，2013）。

作为全球最大的广告商之一，宝洁公司进行的一项研究表明，即使是像洗衣液之类的利润率较低的日常用品，情感诉求的广告也能使其销量提升。1985年，“埃克森·瓦尔迪兹”号油轮发生漏油事件以后，志愿者使用美国“黎明牌”肥皂清洗鸟类身上的石油。该品牌和“保护野生动物”建立了联系，形成一种强大的情感诉求。宝洁公司市场营销主任兼创意策略分析师皮特·卡特认为，“冷漠是市场营销的杀手，是产品营销所极力避免的”（怀特塞德，2015）。

这一研究并未让神经科学家感到惊讶。因为神经科学家早就认识到，大脑的情感和记忆系统紧密相关。人们一旦有了强烈的情感经历，就很可能会留下强烈的记忆（勒杜，2007）。

竞争关系的品牌产品往往十分相似，人们在进行选择时，很少权衡利弊。通常是其中一个产品率先引起了消费者记忆模糊，如果是一种情感的记忆，那么认同感会更加强烈。

所以，如果你想销售一种洗衣粉，不要证明你的产品能够改变最脏的污点，相反，要让消费者相信：为家人洗衣服是一种爱的表现。

这一策略不仅仅对市场营销人员有效。如果你的创意宗旨是为了劝服某人、改变行为、教导、建立品牌或是吸引受众，那么，首先要抓住受众的心。只有完全吸引了他们的注意力，你才能开始传达更微妙的信息。

第八章介绍的创意工具中，包括了如何利用情感因素激发新点子。

24 Am 分析思维

多数创意项目建立在大量的失败之上。最终的方案中看不到上千个细小的修改，但是你的电脑文档和大量有修改痕迹的草

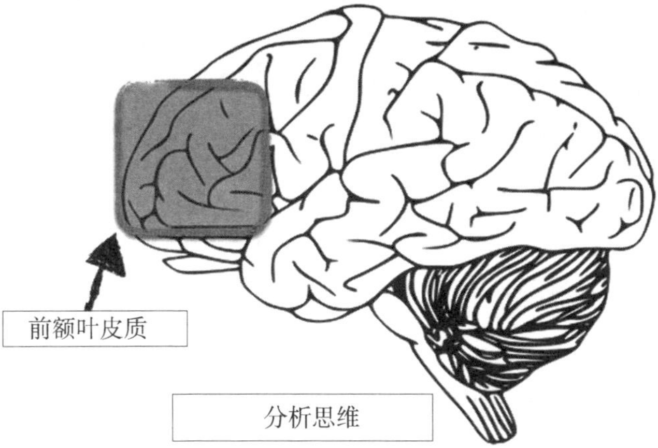

图 4.4　分析思维

图、乐谱证明了这一点。拍摄好 1 个电影场景至少需要尝试 17 次。

多数新点子都需要经过长时间有意识地努力挖掘、提炼和完善。很多点子毫无新意、令人麻木但绝对是必要的。

大多数创意是从大脑工作记忆区中产生的。这一重要区域位于前额叶皮质，大脑前方的这片区域激发了许多更加复杂的心理活动。

玩一玩你的思维“乐高”

可以把工作记忆区看作一个游戏空间，在这一空间里，稍纵即逝的想法、概念和大量信息以直观的方式呈现，它们都变成了乐高积木，你可以通过思维有意识地旋转、组合、分解或做实验。

你的工作区记忆很强大，但能力有限。

神经科学家们预测，大多数人一次性只能处理几块信息，通常是 4 块，并且取决于信息的重要程度（考恩，2001）。工作记忆区中的思维“客体”不受无关因素的干扰。正因如此，工作记忆区形成的新结合越来越多而且符合逻辑，不像洞察思维（见下文）那般具有神秘的跳跃性。

我们很容易看出分析思维在解决问题、排除障碍和有意识规划等方面所发挥的作用。但是，很难弄清楚这一思维如何服务于创意能力。

2012 年，阿姆斯特丹大学的心理学家对工作记忆区和创意的关系进行了研究（迪·德勒等，2012）。研究发现，为工作记忆区增添冗余信息，会减弱创意能力，对参与者来说，创意之谜变得更难。研究人员还对一组半专业的大提琴手进行测试，要求他们即兴创作新曲目。在每一轮演奏中，只有那些拥有更强工作记忆区的选手能够弹出更有新意的曲子。同理，头脑风暴会议中，拥有更强工作记忆区的参与者能够提出更有新意的点子。这些人通过坚持不懈的努力（参见第一章的毅力元素和下文的多产思维）才发现了新的创意点。

在许多方面，分析思维与漫游思维和洞察能力对立。这种思维有助于创意，但是是通过一种截然不同的方式。分析思维凭借直觉和脑电波进入大脑的工作记忆回路区。它会对某个细小的点子进行打磨，直至成形且能够立足于巨大的悲观世界中。每个人的工作记忆回路容量有限，因此，有必要集中资源，以提升信息的综合处理能力。分析思维要求付出和专注，因此当你感到疲惫、饥饿或分心之时，不要试图坚持忍受。

最重要的是，了解分析思维的生产能力是为了提醒我们：创意并非只是夏日之风吹来的灵感（柯莱德，2012）。多数创意是努力付出和坚持不懈的结果。开始努力吧。

35 Pm 多产思维

多产思维的一大特点就是努力工作。许多最具想象力、最成功的创意者都是最忙碌的人。据统计，巴勃罗·毕加索一生创作了13000多幅油画、300座雕塑、34000张藏书票和10万幅版画。迈尔斯·戴维斯录制了138张唱片。同样，澳大利亚发明家基亚·西尔维布鲁克名下有4500多项专利。

多产并不总是意味着多创意——是否记得某一次头脑风暴，你在稿纸上写了一堆点子，但没有一个被采用？

诺贝尔物理学奖获得者彼得·希格斯在职业生涯的最后50年仅发表了10篇文章。但一般情况下，数量大确实有所帮助。

如今，脑科学家已经开始用真实的数据证明这一较为少见的事实。新墨西哥大学的神经科学家雷克斯·荣格进行了一项最新研究（荣格等，2015）。荣格对数量和创意质量的关系进行了深入研究。

研究人员向246位学生展示了一系列简单的图案（比如，黑色背景上有一条黄线），然后让参与者写出所有“你能想到、看到、回忆起来或受到暗示的东西”。独立的评委小组对这些点子打分。

研究人员在统计数据时有了惊喜的发现，想法最多的参与者往往能提出更多的创意点。荣格和同事通过扫描大脑寻找多产者与普通人的差异，发现前者的左侧额极更厚一些。这是位于额头左侧位置的大脑区域，这一区域控制着对未来的展望。希望接下来的研究能够进一步证明这一区域与创意能力的关系。

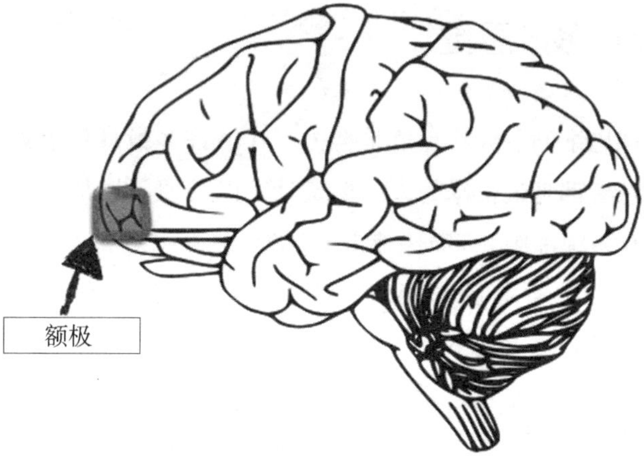

图 4.5　多产思维

另外一项研究也证明了创意数量和质量的关系。根据序列效应，当你进行一项创意测试，如设计积木的多种用途，你事后的点子要比测试时多得多（贝蒂、西尔维亚，2012）。多数人首先想到的都是最明显的想法。如果想获得更具创意的建议，我们必须投入更多的思考。

换句话说，尽管稍远处的水果早已被太阳晒熟了，我们还是会倾向于采摘位置较低的水果。

如今，从曲线和积木创意测试到现实创意，研究成果已取得巨大飞跃。尽管如此，有经验表明，数量是质量的先决条件。比如，心理学家迪恩·基斯·西蒙顿研究了2026名科学家和发明家的职业生涯（西蒙顿，1997）。研究发现，最有影响力的研究往往进行过数量最多的研究（他们也发表过一些易被忽略或毫无新意的研究成果）。

如果这种简单直接的创意产生过程打破了你对经济学家和完美主义科学家的浪漫想象，请理解吧。但是，请鼓起勇气，因为研究表明，多产的创意点是从大量想法的初期阶段开始的。我们知道，失败是创意过程中的重要元素。要想找到真金，你必须从大量无用的碎渣中进行筛选。

多产能够增加你的自信。你的点子越多，选择的机会也就越多。如果这个点子不奏效，还有其他很多点子可以跟进。

为下个项目设定一个创意数量。不达标，不停止。如果你的队员每人能够想出4个点子，那么让他们挑战一下，下一次头脑风暴每人提供8个点子。

研讨会上经常被问到的一个问题是：“我如何才能进入一个完美的创意状态？”下一个元素——即兴思维有助于回答这一问题。

46 Ir 即兴思维

平庸的即兴创作会阻碍需要较高技巧的行动，而好的即兴思维有助于激发行动。

——马尔科姆·格拉德威尔

迄今为止，大多数科研关注创意过程中的灵感因素。脑科学家使用简单的字谜和普通的创意任务来进行测试，而不关注真实情景。他们通过研究细小的、便于操作的创意测试来进行简单评估，衡量创意的客观性，而这些研究可以用最先进的大脑扫描仪来完成。

这类研究也有智慧，但同时存在疑点。现实情境中，在回形针的使用方法上，一个人究竟会有多大的创新空间？解答字谜时的大脑运动真的和设计品牌创意时一样吗？字谜游戏和网页设计、绘画究竟有哪些共同点？

近期，神经科学家和作家、设计师、音乐家、诗人及其他创意人员建立了合作关系（贝蒂，2015）。通过研究这些多产的大脑，神经科学家捕捉到了前所未有的真实情景下的创意思维。这些思维显示出惊人的一致性，提供了实用经验，掀起了新一轮的研究高潮。

2012 年，美国研究学者对 12 位职业说唱歌手进行了研究。研究人员一边扫描他们的大脑，一边要求他们活跃思维——即兴创作一段曲子。有趣的是，“这些语言天才的脑波证明，这个实验不是某个特殊的转折点，而是开创性的事件”（刘等，2012）。

说唱歌手一开口，额叶后方侧部的皮层便静止下来。大脑正前方的区域活跃起来，发挥主要作用，这一区域最重要的任务是控制执行网络。正是这一区域调节着注意力、分析力和自控力。

当额叶后方外侧皮层安静下来，前额叶区活跃起来。这一区域是大脑默认网络的中枢，能够激发白日梦（漫游思维），能让思想在头脑中肆意畅游。

关掉内心的批判之声

说唱歌手已经掌握了如何控制自己内心否定因素的方法，并控制自己的意识流。要想设计出最好的创意点，每个人都可以通过练习达到这种状态（参见下文的创意测试）。

尽管如此，大脑的自我审查仍然对创意过程产生重要的影响。对说唱歌手进行研究之后，研究人员对诗人进行了大致相同的研究（刘等，2015）。在诗词的自由创作阶段，诗人的大脑波动和说唱歌手显示出较强的一致性。随后，研究人员要求诗人们对自己的作品进行评论和润色。不同于即兴创作时“默认网络关闭、执行控制网络启动”的状态，修改过程中，这两个系统均进入启动状态。

这一发现是合理的。诗人修改润色作品，依旧是属于创意生成阶段，此时增加了分析思维。他们认真检查、修改错误，并按自己的评价标准进行完善。神经科学家研究了画家即兴创作时的大脑波动，得到了类似结果（皮尼奥等，2015）。

这些脑成像的新型研究表明，说唱歌手、诗人、作家和艺术家的大脑波动呈现出惊人的一致性。同时，这些研究强调了相互之间的差异性。

总之，根本不存在所谓的具有普适性的“创意状态”。每个人都有活跃的创意思维。为了激发这些优秀的点子，我们的大脑在不同的思维状态中切换。

创意测试

你是否熟知自己内心的批判思维？我当然属于那种——内心不断发出否定的声音，以至于怀疑自己的能力，开始自嘲或者质疑之前的决定，内心会有这些想法：“你以为你是谁啊”“那个点子太烂了”“你知道什么”“没人在乎你的想法”。

尽管只是一小段时间，说唱歌手能够暂时操控发出这些批判之声的大脑区域。

作家兼艺术家朱莉亚·卡梅隆提出一种“晨写”方式，能够有效地提升即兴思考能力。清晨醒来，卡梅隆会用 3 页纸详细地记录自己的意识流。她写道（2016）：

“晨写”算不上高雅艺术，甚至称不上“写作”。就是把你头脑中的所有想法倾倒出来——是你自己的所感所想。“晨写”能够激发、理清、安抚、引导、分级或同步当天的事务。不要思考过多，就是在 3 页稿纸上写点东西……然后第二天再写 3 页。

第一章提到的“逃离城市”网站负责人马特·特里内蒂发现了“晨写”的实用性：

我尝试过很多次，想要坚持写日记，但总是两三天后就中断了。即使是减少字数也不行。“晨写”没有字数限制——只有 3 页白纸，而且，写什么也不重要。有时候“晨写”还能激发灵感，但这不是重点，重点在于下笔写，让头脑中的想法跃然纸上。

从根本上说，这一部分介绍的许多元素都是创意的基础因素。有意识的努力和潜意识的孵化都能激发创意。通常，我们为之努力的，就是完成复杂拼图的那一刻、第一眼看到全景时的惊喜。

这关系到下一个元素：洞察思维。

47 In 洞察思维

> 突然顿悟带来的那种喜悦之感，除非对方经历过，否则很难言传……当下十分明朗的事物，在揭开其面纱之前，一切都蒙在雾中。
>
> ——生物学家弗朗西斯·克里克

玛莎和马乔里，两人同年同月同日生，而且同父异母。这怎么可能呢？

乍一看，这个问题毫无意义。但仔细想一想，会想到什么呢？

每一个解决方案都是突然冒出来的，而且带来意想不到的情况。得到之后，反而没有新奇感。

有时候，创意点毫无新意，也不是顿悟而来。尽管如此，多数神经科学家坚信，这种微小的洞察思维同那些科学、艺术和科技领域的伟大发现之间，存在着某种相似性（想想弗莱明意外地发现了青霉素；马勒在湖中划船时意外地发现第七交响曲的旋律；笛卡尔通过观察卧室房顶的苍蝇，意外地发现了几何学）。

与那些伟大发现不同的是，神经科学家们清楚地知道字谜游戏需要更少的洞察力。对洞察思维的详细研究已经取得了有益成果。马克·毕曼和同事进行了一项里程碑式的研究，他们观察了洞察力在真实情景下的发生过程（荣格、毕曼等，2004）。研究人员首先记录了大脑后方右侧视觉皮质的电波运动，以及右颞叶（位于右耳凸起处）的快速反应。在提出方案之前，这些波动就已经发生了，这证明了潜意识的重要性。

左右脑之谜

毕曼的另一项研究证明，大多数脑活动发生在右半脑。这一发现印证了一个流行观点，即创意是右半脑的特殊产物。贾勒特解释，这是一个谜。这种观点是错误的，会误导人们认为某人属于“右脑创意型”或是“左脑普通型”，这种偏见是有害的（贾勒特，2012）。

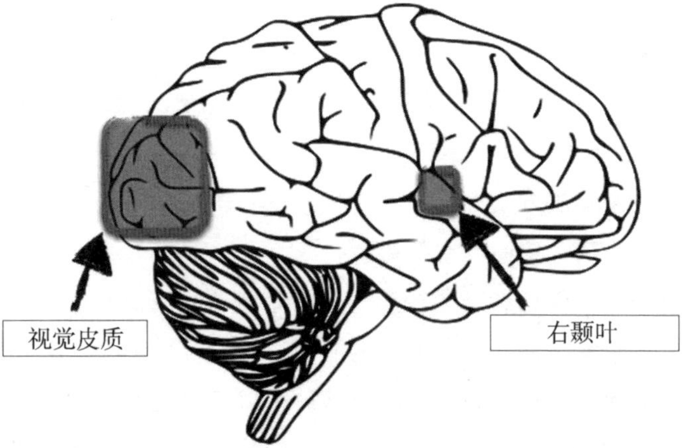

图 4.6　洞察力

毕曼的研究成果依旧显著。数十年的研究表明，大脑两部分的运作方式截然不同。广义上说，左脑倾向于处理细节，而右脑则倾向于宏观架构。右脑能建构那些不明显的联系以解决问题——能够在真实情景中激发灵感（“找到了”“啊哈”）。

> 与其试图控制右脑的想法，还不如选择一下用右肺呼吸。
>
> ——本·马蒂诺格

因此，从这项研究中获得的经验如何帮助我们的工作和娱乐？事实上，科学家们已经发现了一些实用技巧，能够让我们的精神活动更具洞察力。首先，苦苦等待灵感到来毫无意义，倒不如专注于关键问题，利用分析思维剖析所面对的创意挑战。

然后，退一步，面对挑战不要焦虑，焦虑是洞察力的敌人。保持乐观心态、放松身心，可能的话，开心起来（苏布拉马尼亚姆等，2009），看看漫游状态的你能够激发何种潜力（来一场创意之旅）。如果感到马上就要找到答案，最好闭上眼睛，或盯着光秃秃的墙壁。我们经常本能地这样做，但科学家们强调这一做法带来的积极效果（沙维等，2009）。

从悲伤情绪里产生的洞察力是创意的基本元素之一。并非所有的创意都需要洞察力，但一旦拥有了这个能力，一切就会不同。

冥想

本章的主要内容是介绍了创意思维的潜意识过程。但是，很难清晰地描述大脑的真实运作情况。有一种古老的方法或许会有所帮助，最近这种方法已“流行起来”。

如果“冥想”这个词让你联想到了穿着拖鞋的神秘主义者正在“找寻自我”，请不要惊慌。你甚至不用摆出警觉的姿势。事实上，每个人每天都会进入冥想（专注）的状态。所有的“冥想”培训都是为了提升人的综合能力。

冥想的状态就是有意识地静坐着，感受思维、情绪、心理模式和一切感官信息。冥想有助于提升人的理解力，并且有助于有效管理心理世界。它的作用如此强大，以至于神经科学家开始关注这一领域。

脑扫描图像显示，持续的冥想练习能够明显改善大脑的功能，尤其是情感、注意力和自我意识控制（唐等，2015）。这些改变能够有助于缓解压力和精神错乱，也有助于培养各种创意元素。

一个重要的冥想技巧就是有意观察心理活动、不要妄自评判。最近的两项研究表明，冥想能够激发新点子（巴斯等，2014；科尔扎托等，2012）。奥斯塔芬和卡斯曼利用复杂的字谜游戏证明了冥想有助于激发创意。冥想专家分享的重要技巧就是完全沉浸在当下。如果擅长这一点，那么你便能抛弃昨天的坏习惯、不再担心明天的失败。抛弃这些障碍，你就会少了限制、多了创意。

创意测试

坚持一周练习冥想，看看效果如何，是否有助于提升你的创意能力。下载一个十分流行的应用程序“思维健身房会员”（gym membership for the mind）。

如果你仍然怀疑冥想的作用，想想电影人大卫·林奇（2006）的这句话：

点子就像鱼，想钓到小鱼，你得待在浅水区。想钓到大鱼，你得到水深的地方去。走得越深，鱼越大，也越干净。越大越抽象，但它们很美。

大卫是众多坚持冥想练习的创意奇才之一。你想去深水区吗？

本章回顾

- 在解决下一个创意项目的过程中，试着关注你的心理过程。你的工作流程是否和本章的某些元素有关？你是否对某种思维方式有独特的偏好？
- 在潜意识中“孵化”解决方案可能看起来有点懒惰，但并非如此。腾出时间孵化，你会进入另一个世界。
- 如果你总是习惯性进入某种思维方式，不妨试着改变一下，如果你经常高度集中、逻辑严谨，不妨放松一下。相反，如果你的思维过于随意，试着强迫自己画一些分析草图，看看是否有效。

表 4.1　创意思维

元素	激发创意的关键
潜意识（U）	易忽略，但极重要：花大量时间孵化潜意识
放松思维（Re）	放松神经，日益强烈的预感不断冒出来
漫游思维（W）	学会分心，有时候白日梦能够激发伟大的创意点
联想思维（As）	用意想不到的方式把不可能之物联系到一起
情感（Em）	心情愉悦之时，方能探索众多可能性

（续表）

元素	激发创意的关键
逻辑（L）	策划、评估之时，务必严肃认真，挑战自己或员工，这样才能像极光一样专注于正确方向
分析思维（Am）	玩一玩你的思维乐高，试着一块块地搭建出新的令人惊艳的作品
多产思维（Pm）	别担心点子不好，放开想，总会有好点子出现
即兴思维（Ir）	一旦进入练习时间，抛弃内心的否定观点，跟上意识流
洞察思维（In）	先热热身、钻研问题，然后退一步，等待灵感闪现

本章要点

创意思维是混乱的（卡夫曼，2014）。认为大脑本来就有创意或者能够按意愿进入创意状态，这种想法是幻想。相反，创意意味着探索头脑的各个角落和沟壑，意味着能够在两种截然不同的思维中自由切换。创意就是知道什么时候利用意识和心理，就是切换频道，让大脑在潜意识状态下发挥强大功能。

通过练习，创意会变成你的第二天性，能够调节日常活动、情景、情绪和限制。每一项事物都能找到不同的解决工具。即使落入了惯性思维，陷入了碌碌无为的困境，也无所畏惧。

人脑的可塑性比早期神经科学家所认为的更大一些。神经可塑性科学已引起广泛关注（马丁，2014）。随着时间的推移和意志力的转变，我们可以重塑各类大大小小的大脑神经网络。如此，我们就能掌握新的思维方法，能够自然应对创意思维的混乱状态。

第五章　营造创意氛围

创意元素

本章介绍以下创意元素：

美国作家刘易斯·托马斯说过："如果想让蜜蜂酿造花蜜，你没有必要调整太阳能导航或是设置碳水化合物的比例。你能做的就是把蜂巢放在花丛中。当周围的环境正确了，科学就会出现。"确保环境和土壤都是对的，创意就会出现。

——基思·莱因哈德

与那些停滞不前甚至倒闭的公司相比，创意公司的经营理念有哪些不同之处呢？看看如何营造一个充满创意的氛围。

第三章和第四章介绍了个人如何激发创意能力。现在，探讨我经常被问到的问题："如何才能营造出创意氛围？秘诀是什么？"

如果你和团队成员都在阅读本书，或者你始终心怀公司，并且迫切想要知道如何有意地、持续地、成功地营造出一个能酝酿创意的氛围，那么，你选对了。本章内容介绍了创意公司和普通公司的对比研究，以及有助于激发公司创意潜力的 8 个实用元素。

本章将介绍英国国家医疗服务制度中领导层的分布特点，并探讨爱尔兰最大的博彩公司——帕迪·鲍尔博彩公司如何通过"恶作剧"部门打破市场规则，该公司的一个广告文字撰稿人因创意丰富被一步步提拔为执行总裁。

本章内容的编写在很大程度上要归功于一位瑞典研究员约兰·埃克瓦尔（1996），他对创意的抑制性和支持性元素进行了研究。他的大量创意指导性问题和实践经验，可用来评估你当下的创意水平，也可立马应用于你的工作实践中去。

在全球 100 强公关公司担任创意总监时，这一章内容对我的帮助最大。如何能够从一个"有创意"的个人转变为一名能够领导公司创意团队并培养员工创意能力的高层？

最初，我专注于提升自身的技能，让公司尽可能地掌握各种创意工具和技巧（参见第八章）。这些做法的确有助于员工在更短时间内产生更好的点子。但是，我很快意识到这些只是创意公式中的一小部分。

有很多问题需要解决，但我不知道答案，也不知道如何寻找答案。

- 如何挤出时间思考我（和我的团队）需要真正解决的所面临的问题？

- 如何才能鼓励员工冒险、犯错，以想出具有突破性的点子？同样，这些改变现状的点子有可能会在广告或宣传活动中失败。

- 如何利用不同的观点、管理冲突以想出能够打破现有框架的创意点？

- 在办公桌旁，从早上 9 点坐到晚上 5 点，是否能获得灵感？

如今，我从大量研究和工作经验中了解到，不论公司大小，那些肩负着领导公司创意业务的人共同面临着这些挑战。如何让创意成为公司自身的一部分，本章对此提供了些许见解和实用方法。

好点子需要时间来酝酿，点子一旦提出来，就要得到支持。创意者需要一个安全环境，允许他们冒险、积极辩论及调整冲突（这是点子产生的源泉）。

营造创意氛围的一个核心元素就是信任，建构信任需要领导能力，这就是本章的第一个元素。

4 Lr 领导力

创意需要一步或一跃进入未知领域。这便需要强大且自信的领导层。而领导需要追随者。

别人为何要追随你？

这是基思·莱因哈德对那些有抱负的领导人提出的问题。基思是恒美广告全球名誉董事——恒美是全球最大的广告机构——兼柏林创意领导力学院的创始人。他从该公司的广告文案撰写员一步步晋升到执行总裁，负责指导这家全球最大、最具创意的广告公司 16 年。基思指出，或许你有老板或领导的头衔，但这并不能代表你有领导力，他解释：

“如果您能用一个愿景刺激员工，他们就会追随你。《小王子》的作者安东尼·德·圣·埃克苏佩里说过：‘如果你要造一艘船，不要召集员工收集木材、分配工作并发号施令。相反，要激励他们向往浩瀚无垠的大海。’我们公司的目标很明确，就是为世界各地值得信赖的客户服务，将比尔·伯恩巴克的见解付诸实践。”

“如果你反映了员工的价值观和立场，他们就会追随你。我们企业的核心价值观就是伯恩巴克所鼓励的创意和人性，这也反映了伯恩巴克的招聘标准。‘在恒美广告工作，’他曾提到，‘你必须既有才能，又有好人品。如果你人品好但没有才能，你可以成为我们的朋友但不会成为我们的员工。如果你有才能但人品不好，那你肯定不会在我们公司工作，因为人生短暂，我们不愿和混蛋共事。’”

员工会追随你，如果他们看到你不仅会赚钱，还有内涵。

员工会追随你，如果他们相信如此一来自己便有机会成为优秀团队的一员，因为在这个团队中，领导者会把成就归功于团队的整体努力，每个队员都会获得认可。

员工会追随你，如果他们能够获得重视，并有机会在愉悦的工作氛围中实现个人职业发展。

员工会追随你，如果你能够启发他们（基思·莱因哈德，2015）。

因此，别人为何要追随你？

或许你已经成功激发了员工的创意和创新能力，建立起了公司的价值观以巩固创意发展。如果没有，请重新阅读第二章，找到那些支持创意的价值观，或者继续阅读，看看其他公司如何进行创意革新。

个案研究

人人都是领导——英国国家医疗服务体系“改变日”

没有追随者的领导算不上是领导，但是，能够培养他人去领导，这是一个更伟大的成就。

——林顿

英国国家医疗服务体系发起的“改变日”呼吁职工公开承诺改善病人护理服务。这个草根运动的宗旨是：领导并非某个人——在追求共同目标的过程中，成百上千的人都能成为创意领导人——这一做法被称为“分布式领导”。

杰姬·林顿是英国国家医疗服务体系的前任负责人，她在采访中提到，在国家服务机构中动员一项草根运动，这需要一种典型的“自上而下”的领导风格。

杰姬表示：“培养创意氛围就是建立联系，要给参与者认同和支持，而不是担当把关人。一旦能够自由表达，员工就会变得有创意。希望能够超越恐惧，如果我们怀揣希望，鼓励希望并把希望赐予别人，那么，他们就能带来意想不到的改变（和新事物）。”

你可以富有创意、解决难题、带来改变，但是，你无法让员工时刻保持步调一致。创意领导人最伟大的一个特点就是：能够在有效传达和取得成就的同时，建立起积极的人际关系。我们都经历过“上传下达”，但在这个过程中员工被忽视、领导和员工的关系遭到破坏。因此，对领导人来说，至关重要的是理解员工的想法，理解他们对改变的看法、他们的动力源泉和行为目的。

如果你不对员工直接负责，他们也不向你汇报，那么也就不可能有“管理”的概念。你无法从公司顶层下达一项社会运动，但你可以表示支持，尤其是这项运动向相反方向发展之时。因此，放弃控制，让即将发生的自然发生，这也是一种创意行为。

我认为，创意最终能带来协作。作为一名领导者，如果你无法和员工合作，无法建立起积极的人际关系，无法培养出合作精神，也不尊重差异性，那么你不可能是一个高效的领导者。“领导者的任务不仅仅是把工作做好，而是要帮助员工实现目标。”杰姬如是说。

俘获内心、吸引注意——通过讲故事的方式进行领导

“改变日”是参与者共同努力的一项运动，国家医疗服务体系的每一个参与者都在讲述着真实的故事。

杰姬·林顿表示："意识到自己身上有故事并学会分享，这深深地改变了这些年来我对领导能力和工作学习的看法。我和马歇尔·冈茨（肯尼迪政府学院的资深讲师）一起接受社区管理者的培训，学习了公众叙事的方法。就是关于你自己的公开事件或故事，包括3部分，即自己的故事、我们的故事和此刻的故事。这种方式说明了你当上领导者的原因，呼吁公众加入其中，和你一起付诸行动。"

"此外，加上引导人们说出自己的故事，就是医疗服务'改变日'成功的关键。"

"讲述自己的故事也给了别人自信和勇气去讲述他们的故事，然后我们在这些故事中寻求共同的价值观，所有人一起形成一股强大的力量。"

重要发现

- 如果你是创意负责人，那么员工选择追随你的原因是什么？
- 你对员工做出了哪些承诺以激励他们？
- 你提出了哪些令人信服的概念和目标？
- 你是否设定了创意或创新目标？
- 你如何分配资金和时间来激发创意？
- 根据已经阅读的内容，你是否能够改善公司的创意氛围？

11 T 信任

下一个元素——信任——对创意领导力至关重要。

> 让别人信任你的方法就是信任别人。
>
> ——欧内斯特·海明威

信任是创意的关键，因为它能释放其他潜力，尤其是自信、协作、动机、勇气、自由和开放。

普华永道对富时 100 指数公司高级管理者进行的调查结果显示，高度的管理信任是最重要的创新因素。创新者需要相信自己的能力，并且信任同事，让他们有机会实现自己的想法。通常情况下，这是自我实现的预言：有点子的员工必须证明这个点子很可能有商业价值，如此才能得到进一步的信任。同样，创意者必须允许失败，领导和员工之间必须相互信任。接受各类观点也需要信任。

瑞典研究员约兰·埃克瓦尔（1996）根据在沃尔沃和其他公司的合作经验，将信任定义为阻碍或激发创意的 10 个关键维度之一。埃克瓦尔写道："当信任程度较高时，公司的每一个员工都敢于提出想法和意见……当信任缺失时，员工相互怀疑，且担心犯下代价昂贵的错误。"（埃克瓦尔，1996）

埃克瓦尔指的是公司气氛，或企业的"天气"。这种氛围是"企业的属性之一，是各种态度、感觉和行为的混合体，能够反映出企业的活力，并且独立存在于员工的认知和理解之外"（埃克瓦尔，1996）。

埃克瓦尔的研究提供了一种评估标准——情景展望调查问卷（SOQ），问卷从10个维度对公司进行评估，确定哪些改变能够改善公司的创新和创意能力。该问卷在不同国家、不同行业的各类业务中进行测试，并对100～200人规模的10家“创新型”企业和5家“停滞型”公司进行了对比。结果表明：“10家创新型企业成功研发出利润较高的新产品，因此能够立足于市场竞争之中。5家停滞型公司则需要进行产品更新换代，但公司没有进行尝试，或是新品有缺陷且收效甚微”（埃克瓦尔，1996）。

创新型企业的信任或开放程度要高于停滞型公司，其他方面也是如此，包括挑战、自由、观点支持、多样性、趣味性、辩论、冒险和时间观。

停滞型公司的“冒险”系数得分较低，“冲突”分值较高。如果公司想要进行大刀阔斧的改变而非微小的变化，那么，自由、辩论和冒险等元素尤为重要（埃克瓦尔，1996）。

信任是成功合作的关键

菲利克斯·巴雷特是全球领先的沉浸式戏剧公司Punchdrunk的创始人兼艺术总监。对于那些能够塑造文化的合作伙伴来说，利用沉浸式体验激发情感和兴奋感的关键在于品牌效应。

菲利克斯在采访中提到一个新项目。“信任至关重要。你必须敢于承担风险——当我们有机会冒险，有机会利用自身优势，那么品牌合作就会相当成功。比如，我们同英国绝对伏特加公司合作——为了庆祝绝对伏特加安迪·沃霍尔限量版的发售，我们发起了一次数字研发试验。前期的各项决定完全由绝对伏特加公司提供，但该公司乐意后退一步、让创意团队接手工作。公司相信我们能够研发出一种令人兴奋的创新方法，重新让品牌成为伦敦高端酒品的风向标。最后我们成功了。”

“这个创意项目围绕一个三连消除游戏。当玩家消除相同符号，就会收到一小段叙事片段，把片段一点点拼凑起来，就会慢慢进入到现实世界，看到伦敦各地的景象。玩家每次游戏的时长为 6~10 分钟，这对一个品牌来说已经是十分乐观了。这种合作就像一种开创性体验，我们首次把数字和生活艺术结合了起来。”

创意指导

- 你是否能说出一次个人经历：关于信任（或缺乏信任）对你或公司的创意产生了积极或消极影响？
- 你能否举出最近发生的案例：由于缺乏信任对创意造成了负面影响？
- 试想与你合作最为密切的创意伙伴或团队，他们的信任和创意能力存在怎样的联系？
- 如果某个事物能为企业增加信任度，那会是什么？

创意测试

没有信任就无所谓领导。没有信任就不会有所作为。

库泽斯和波斯纳，领导力研究专家（2003）。两人提出了以下增加信任的方法：

- 明确你是谁，你的信念是什么。
- 承认错误。
- 认同个人进步的必要性。
- 寻求反馈——积极的和消极的。
- 认真聆听。
- 分享信息。
- 展示出改变想法的意愿。
- 说出“我信任他们”，并认真对待。

你认为采取这些行动会对公司的创意产生哪些影响？

个案研究

获奖公司 Unity 如何营造创意氛围

全球公关行业市值约为 135 亿美元（《霍姆斯报告》，2015），该行业竞争激烈，企业严重依赖创意谋求生存。在美国和英国日益饱和的行业环境中，存在着大量成熟品牌。每年，许多初创公司在价格、服务和创意上同老牌企业展开竞争。在残酷的竞争环境中，民营公司必须迅速证明自身的创新能力，否则将面临倒闭的危险。英国 Unity 公司在《霍姆斯报告》2015 年度全球创意指数中排名第一，被誉为最具创意的公关机构。仅在 2016 年，该公司就获得了超过 52 个行业奖项。

图 5. 1　10 年前，尼克 · 丹与格里 · 霍普金森共同创建了新型创意公司 Unity

随着人们在工作中寻求更多意义，工作的环境正在发生改变。格里告诉我，想在东伦敦建立一个公司，以提供创意指导、营造一个鼓励创新的环境。

格里表示："我们的目标是增加人类的幸福感。" 这也是公司招聘政策、奖励机制和客户服务的宗旨。该公司为尼桑、现代、Ben&Jerry's（冰淇淋品牌）和玛莎百货提供服务。

Unity 公司的人员构成不同于典型的公关公司。该公司是英国唯一一家聘用了人种学家、思维设计专家、社会心理学家、以人为本的应届毕业生、策划师、数字专家和传统的公关人员——媒体专家和公关学家的公司，各类人才齐聚一堂。随后，公司进一步开展合作，聘用了艺术导演、制片人、记者、研究学者、数据分析师和工匠。如此，公司营造了一个多样化的工作氛围。

格里在采访中说道：

“我们到设计院校寻找最优秀的毕业生（金史密斯学院）来组建设计团队。最开始，我们选中两个毕业生，然后对他们进行孵化指导：‘是的，你们有实用技巧，但我们真正想要的是你们看待问题的不同角度和处理方式，然后我们顺其发展，看看能走到哪一步。’”

“毕业生带来的最大启发是，提供一种设计主导和产品主导的方法。在此之前，我们可能会即兴设计，或尝试一种完全新颖的方法，但我们只能看到交流和公关语境下的解决方式。他们启发我们去思考，‘你必须从观察入手’。”

Unity 公司融合了各类团队的技能，以探索如何提出可行性见解，如何检测各类假设。为尽可能地降低风险和实验成本，公司成立了自己的实验室（这对科技公司来说很常见，但对营销公司来说仍然十分罕见）来测试创意点。

格里解释，建立实验室的点子既是物理行为，也是落实点子的一种隐喻。

这关系到物理环境，也关系到操作方法。一般来说，点子不会自动蹦出来。谈论事物的有效方法源自正确的思考方式，而不是让点子自然地发展进化，也不是不同事物结合之后自发形成的。我想，任何一个正式的制作室都是乱糟糟的，我没见过不乱的工作室。我的意思是，到处都有半成熟的想法，有许许多多死胡同式的创意项目，周围充斥着太多东西，以致于人们总会在其中浪费一些时间。

Unity 公司从浪费时间和游戏中获得灵感，为英国制药公司葛兰素史克旗下产品“利宾纳+”设计了“口袋操场”游戏。该游戏关注如何让手头拮据的母亲对低成本游戏产生共鸣。该产品提供的免费盒子，可改造成小船、火箭或木偶剧，这次营销很好地体现了 Unity 公司如何把“增加人类幸福感”的宗旨与设计思维结合起来。

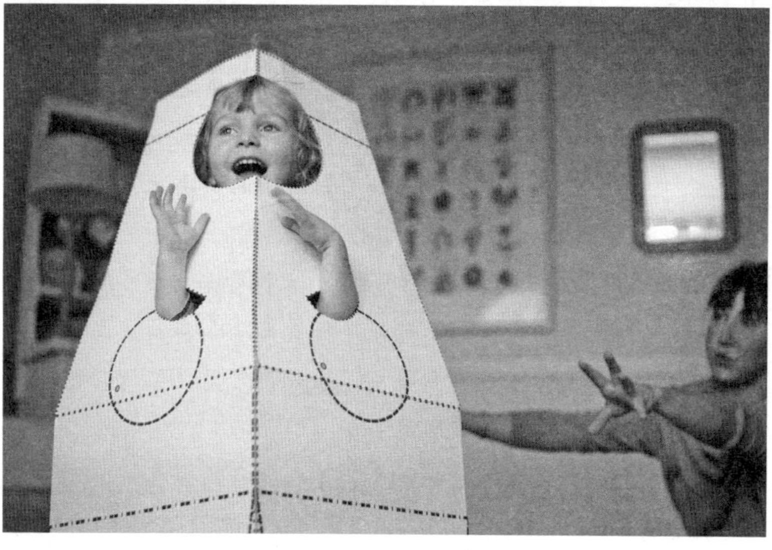

图 5.2　利宾纳纸盒游戏

注：这是“利宾纳”游戏营销的一部分，体现了想象力和开放游戏结合的价值观。

格里继续将这种“制作”原则应用于创意提案之中，他在采访中说道：

“有人习惯称之为草案。但是之所以称之为草案是因为这是 21 世纪。如今，没人真正知道产品如何与人沟通；如果有人说他知道，肯定是在撒谎。在营销初期，我们会告诉客户，你可以和我们一起进行测试，这样效率会降低一半，但我们能够一起学习经验，看看公众对产品的反应。随着信息的增多、有了信心之后，我们再进一步推进。”

Unity 公司的核心创意理念都是围绕设计思维产生的。下文将探讨另一家顶尖设计企业——美国艾迪欧公司的创意氛围与理念。

像 Unity 一样思考

- 以人为本。
- 测试，制造混乱。
- 确定目标，并且任何决定都以此为参考。
- 捍卫自己的观点。
- 人人都会犯错。
- 相信直觉和本能。
- 保持愚蠢。

5 Ti 时间

我的点子不是源自书桌，而是源自生活。

——阿娜伊斯·宁

日常工作中，我与各种各样的公司打交道，其中，最容易察觉到的创意障碍之一就是缺乏思考的时间。75% 的人表示，他们所面临的是多产的压力而非创意的压力。只有 25% 的人坚信，他们能够激发自己的创意潜力（奥多比，2012）。

“始终在线”的公司文化意味着，员工没有时间去做白日梦、去思考、去认真考虑某个问题。许多企业也没有设置正规程序以鼓励员工提出观点。

埃克瓦尔（1996）解释：“在时间充沛的创意过程中，存在着讨论及测试各种冲动和新观点的可能性，而这些观点和创意任务并不相关……与之相反，每一分钟都被具体观念占用。时间压力迫使思维不可能超出常规指令和范畴。”

前一章探讨了潜意识的作用，而且研究表明，人们需要时间做白日梦、进行孵化和产生新点子。

在我的经验里，创意时间只是经理人口头说的一种概念，但是，当日常工作或计时收费的压力袭来时，那些用来支持创意时间的观点立马被抛到一边。然而，这是一个恶性循环：如果没有足够时间思考，这意味着想出的点子质量不高——不足以赢得激烈的商业竞争，不足以提供大项目的创意解决方案，不足以让顾客满意。

当代美国作家、海明威的朋友格特鲁德·斯泰因发现，很难长时间保持写作状态。但是，他说，“如果你每天坚持写半小时，那么年复一年就能写出大量作品”（柯里，2013）。作家伊丽莎白·吉尔伯特（2014）有何建议呢？买一个煮蛋计时器，然后每天都用。

谷歌公司的“20%时间”法则久负盛名——员工把20%的时间用于自己感兴趣的创意项目上，目标是所提出的点子有可能为公司带来更大的利润。从中产生的产品包括 E－mail 邮箱和谷歌地图。有趣的是，人们对于20%的工作时间是否有效引起了争论——谷歌前员工玛丽莎·梅耶尔将其称为120%时间法则（美国《商业内幕》新闻网站，2015）。这些都证明了创意必须需要时间来孵化。

个案研究

推特网的黑客周

> 它只是暂停了我们认为需要做的事情，那些我们以为只要做了才能继续思考和想象的事情。
>
> ——布鲁斯·戴斯利

让创意时间在现实世界发挥作用需要一种实用方法。推特网的业务依赖于源源不断的创新和改进。该网站英国区总经理布鲁斯·戴斯利在采访中介绍了推特网保证创意时间的方法。约束性是推特网的一大特点，公司有意将这个概念运用于创意过程中。

从我的观察和经验来看，几乎无一例外，那些保持创新的公司之所以能够做到这一点正是因为他们为创意留出了时间。我们的做法就是“黑客周”。

我们意识到，日复一日紧急催促员工想出创意，这是一件很痛苦的事。

所以，我们的黑客周打破了这一点。员工必须从3个主题中选取1个，但任何人都可以放下手中的工作，凭喜爱或兴趣选择创意项目。我们1年有两次黑客周，第一次是在圣诞节之后的第一周，第二次是在盛夏时节。

你会发现，员工很快地组建自己的小团队，因为他们意识到“一个人做这件事所产生的效果要比与合伙人一起做小得多”。所以，黑客周的第一天就会有人讨价还价：“我有一个点子，谁愿意加入进来一起做？”不论是工程师还是插画师，所有员工都会这样做。有趣的是，一些黑客周最优秀的点子来自于会计之类的部门。推特网发布的大部分新鲜内容都来自黑客周。

推特网布鲁斯·戴斯利

——如何在 140 个字符之内想出更有创意的内容？

- 有目标。
- 举办黑客周。
- 得到刺激。
- 灵活应变。
- 拒绝舒适。
- 每天重新解读世界。
- 从信号中过滤噪声。

创意指导

- 你的公司是否有设置流程以带给员工真正的创意思考时间？
- 对你和公司来说，更多的创意思考时间会产生哪些不同？
- 你是否因为好玩、享受或灵感而做了某件事，但至今没有实现？你会如何让它实现？
- 你每周能否挤出一个小时用于思考创意？

创意测试

• 回忆每周的工作——下一周空出一段时间来“完善发明”，并提出一个宠物创意项目。不用考虑具体的结果，多考虑如何探索。

• 在一次团队会议中分配部分（或全部）议题并使用本书（第 N 页）的练习探讨观点。

• 买一个煮蛋计时器，每天设置 30 分钟用来思考创意。

• 当你下一次考虑如何使用时间和预算时，试着使用 7∶2∶1法则。

12 Is 观点支持

点子就像突然从灌木丛冒出来的小毛毛虫……你必须友好对待第一只……不要对它下判断……然后突然间你就有了奇特的想法，就像你未来十年严肃工作的效果一样。

——格雷森·佩里

一旦你想到了新点子，下一个挑战就是如何让这些新点子在真实世界实现——观点支持。早期阶段如何处理点子十分关键，决定着这个点子是被扔到垃圾箱还是被推进实施。对于个人来说，获得观点支持需要许多其他元素，尤其是勇气和自信，以及面临困境时的毅力。

一开始，别人否定这个观点，说它是个愚蠢的项目。太儿戏了，这又不是电脑科学测试，也不可能进行那样的测试。

沃森是 IBM 公司的超级计算机，作为公司人机对战的“重大挑战”之一，多年来，团队始终致力于把人工智能和分析软件结合起来。第一个在比赛中击败国际象棋大师的机器人“深蓝”，就是公司重大挑战的早期作品。时任 IBM 研究部门主任的保罗·霍恩致力于研发一种能够通过图灵测试的机器人，以证明机器可以像人类一样交谈。他最初的想法只是研发出一个能够赢得美国游戏节目《危险边缘》的机器人——沃森（2011 年沃森确实得了头奖），但研究团队在最开始并没有获得支持。证明了机器人沃森的能力之后，团队专注于把它的能力运用到医疗领域，如今，沃森正运用于开创性的肿瘤学科研项目之中（贝斯特，2016）。

个案研究

国际设计公司晋思（Gensler）的创意培育计划

晋思的主营业务是为世界各地设计建筑，包括全球第二高的建筑——上海中心大厦。该设计公司依靠全球 43 个办公区 5000 名员工的创意，走在了创意领域的前端。晋思公司拥有许多支持创意的拓展方法：

- 每周一次和每两周一次的电话会议，分批邀请员工分享他们对其他办公区的看法。
- 领导团队意味着在更大的公司范围内能够提出最好的点子。

● 晋思每年举办一次“晋思卓越设计奖”，鼓励全球各区的员工进行创意竞争，该奖项聘请了由客户、设计师和记者组成的外部评审团（美国商业杂志《快公司》，2015）。

创意指导

● 工作中，你如何支持那些一开始看起来愚蠢、类似噱头或可笑的创意点？

● 你是否会给尚未成熟的新点子更多发展空间？

● 你认为别人为何不支持你的创意点？

● 你如何改变这种情况？

创意测试

● 鼓励员工停止对新点子进行评判。反而用新点子做一场游戏，设置惩罚措施（类似脏话处罚游戏），但禁忌词语为：“是的”“但是”“我们试过了”“我们没有预算”“蔑视”或“嘲笑”。

● 把头脑风暴的点子具体化（参考下文艾迪欧公司的策略）。

● 进行一次创意会议，试着询问“别人的点子里，你最欣赏哪一个？”

● 对于最好的创意点，你有何奖励措施？

25 Db 辩论

任何团队都需要一名脱离常规者，对同质化倾向提出质疑。因为同质化倾向会扼杀创意和学习能力。而脱离常规者会退一步观察，然后说："先等一下，为什么我们要这样做呢？"（哈佛大学社会组织心理学教授杰·理查德·哈克曼，2009）

辩论元素要求对存在的现状提出质疑和发起挑战。需要创意的时候，往往会鼓励偏离常规的思维。对于"为什么团队没有效果"的问题，哈克曼解释："……离经叛道的人能够带来更多想法，能够增强你的原创性。我们在研究中对比了两个团队，一组产生了原创观点，一组提出了平庸且毫无新意的观点。结果证明，有脱离常规队员的团队要比普通团队好得多。"（哈克曼，2009）

皮克斯总裁艾德·卡特姆（2014）提到："很多人不赞同这一点，但这一原则至关重要——因为你不是你的观点，只有当你过分认同自己的观点，才会在观点受到挑战时有被冒犯之感。"

有很多不同的性格诊断评估方法，能够帮助个人调整冲突与争论。

这种观点侧重于从思考方式上评估个人解决问题的能力，正如"我的创意怎么样？"而不是"我有多少创意？"这两个问题有很大的区别（崔芬格等，2007）。这种观点让我"恍然大悟"，立马解释了为什么我比其他人更有创意。需要考虑的问题包括：你喜欢大格局还是具体细节；在创意过程中，你喜欢社交还是独处；你属于任务指向型还是以人为中心。如果你偏向于大格局、喜欢挑战并且以人为本（像我一样），那么，你会发现，和专门享受过程的人共事会产生多么不同的创意观点！哈佛商学院的多萝西·伦纳德和苏珊·施特劳斯进行了一次“让公司整个大脑运转起来”（1997）的调研活动，采用心理评估来识别不同的思维方式，并调动公司的“整个大脑”来提供创意优势。

他们强调“轻松克隆综合征”是创意的天敌。“……那些不喜欢冲突、只注重个人意见的经理人总会避免观念的冲突。这些经理人会聘用或奖励特定人群，通常是像他们一样的人。”伦纳德和施特劳素（1997）建议：“试着在萌芽时期消除冲突，承认其他方法并非错误，只是观点不同而已。”当我领导创意团队的时候，真的希望自己能够拥有这种洞察力，以使自己把工作做得更好。

企业如何处理冲突将是关键所在，这些“不和”的观点可以变得多产、有益，能够带来机会进行讨论，推进公司向前发展；然而，这些冲突也会演化为损害创新的战争。

当争论演变为冲突

上文提到的社会活动家杰姬·林顿提到了应对冲突的方法：

她认为，面对愤世嫉俗者和怀疑论者之时，冲突性尤为明显，而我们身边有很多这样的人！有的人痴迷于论证每一个愤世嫉俗的问题。而她很少为此心烦，因为她不会试图证明对方就是一个愤青。

她认同社会活动家的观点：冲突和反抗是不可避免的，因为人们总是希望为现状带来深刻的社会变革。她从来不认为说“好吧，这是你的观点”，一切就会万事大吉。她把争论和冲突看作是创意的一部分，也会因为某个目的而消耗精力；但另一方面，也可以选择忽视它们。

我们也认为创意是一种艺术形式。需要为员工营造一个安全的创意空间，让他们觉得能够自由发言、可以狂野，而且不受评判。如此，新点子就会诞生（艾迪欧设计公司，2015）。

国际全球设计创新公司艾迪欧的客户遍布世界各地，从可口可乐到通用电气的大项目。该公司是大师级创意公司，在保持团队创新能力和处理争论方面，公司有 7 项基本准则，分别是：

- 不随意评判。
- 鼓励狂野的点子。
- 为他人的观点进行延伸。
- 聚焦主题。
- 逐一发言。
- 提供愿景。
- 追求质量。

当你举行创意会议的时候，记得提醒员工这些准则——艾迪欧公司到处都有提示标语。每当进展偏离轨道，这些准则有助于推进相关谈话以解决问题。

创意指导

- 哪位员工能为团队或公司带来不同角度的思考？
- 你如何鼓励员工发表意见，同时能够让他们积极聆听唯一的不和谐之声？
- 作为创意负责人，你如何在推进项目的同时积极寻求反对之声？

创意测试

- 评估公司的招聘政策，认清不同思维方式的益处，并进行积极调整。
- 南希·克莱恩在《思考时间》（2002）一书中写道：如何营造最佳的平等和多样性氛围——每位员工都能在安全的环境中提出自己（不同的）观点。
- 引用艾迪欧公司的7项准则，或者设计自己的规则以提升协作能力和应对争论。

36 Rt 冒险

管理工作不是为了预防风险，而是为了在失败之后建立起恢复能力（艾德·卡特姆，皮克斯动画和迪士尼公司总裁，2008）。

谈到商业创意，关于冒险和安全的说法都是陈词滥调。商业创意与“企业对未知的容忍度”有关（埃克瓦尔，1996）。正如上文指出的，对于企业和个人来说，创意的关键因素是渴望、能力以及支持风险，尤其是在需要有重大突破的时候。但是，对于非营利性机构和政府来说，风险是有害的，甚至对于快消品牌来说，也存在一种固有的紧张感。如果企业想出了带有风险的突破性创意，那么，如何在不浪费资金、不影响股东、不损害核心品牌的前提下进行操作?

创新者需要进行复杂的权衡，综合分析自由与架构、风险与安全性。

“7：2：1 原则”（源自一种教学方法）是一种测试和减缓新观点及新工作方法的风险系数。70% 可看作是商业面包和黄油——不会搞砸、顺利推进、能得到回报且低风险。20% 是中等风险，10% 代表高风险，尽管未来会带来高回报，但也可能失败。可口可乐和谷歌都用这一原则来测试新领域和新实验的风险系数。

埃里克·莱斯在《精益创业》（2012）一书中，讲述了硅谷科技创业公司如何快速从失败中学习经验，避免了孤注一掷的风险。科技公司的理念是：利用“架构、测量、学习和循环”等方法，快速定义、快速反馈并快速做出必要调整，这一做法挑战了传统的商业模式和创意方式。

Adobe 软件公司的创意盒

Kickbox 是奥多比公司为个人和企业设计的开源创新项目，已发展了 30 年。这个红色创新者的入门套装包括了个人或企业启动创意项目所需的一切，省掉了内部繁文缛节的审批流程。公司不断发展下去，现在的套装包括：

- 钱——一张有1000美元预付款的信用卡，用以启动新点子；
- 指导说明书和创意过程一览表；
- 创新工具；
- 咖啡和巧克力。

公司一方面允许员工在感兴趣的项目上花费时间和（一定量的）预算，另一方面等待潜在项目的巨大利润，以此来平衡风险系数。公司给团队授权并鼓励每一位员工提出观点。公司已经把超过1000个工具盒散发给世界各地的员工。

如何组织企业进行风险管理

你是否需要完全不同的团队来进行创意研究和实验？戈文达拉杨和特林布（2010）在《创新的另一面：解决创意挑战》一书中指出，商业的发展一般是由“性能引擎”推进的。

两人探讨了从创意实验中学习经验的重要性。“当预测结果证明了投资是合理的，企业就会采取创新举措。但是，这些预测是基于假设的，有时候是猜测，甚至是胡乱猜测。只有在学习的时候，假设才能转化为知识。胡乱猜测转变为合理估计，然后合理的估计演变成可靠的预测。”（戈文达拉杨、特林布，2010）

两人认为，要想取得创意成功，必须把创新中心和“性能引擎”紧密结合起来，形成伙伴关系，尽管这两个不可分割的组成部分之间还存在着紧张关系。两位作者总结了创意实践中的6种模型：

（1）创意＝点子。

（2）创意＝点子＋执行。

（3）创意＝点子＋动机。

（4）创意＝点子＋过程。

（5）创意＝点子＋领导者。

（6）创意＝点子＋领导者＋团队＋计划。

目前正在使用哪个模型？

个案研究

创意公司是一个合作型的、必须展示领导力的公司。

——哈里·德罗米

哈里·德罗米是帕迪鲍尔博彩公司“恶作剧”部门的负责人，在任职期间，为了增加赌注，他把公司品牌运用到所有体育赛事中，为全球媒体提供了许多头条新闻。公司的特技和“恶作剧”涉及方方面面，包括史蒂芬·霍金、梵蒂冈、非法移民问题和亚马孙热带雨林。尽管是一家上市公司，但公司对市场抱着一种“无厘头”的态度。哈里现任第四频道的集团市场经理，他在采访中谈到了引发争议、打破规则和承担风险等问题。他说道：“最危险的事情是无聊。你需要风险因素才能完成伟大的创意工作。还需要培养一种文化，营造正确的氛围和态度。如果营销的内容很平淡，那么很快就会被消费者所忽略。”

“‘恶作剧’部门是由肯·罗伯特森（现任帕迪鲍尔公司的品牌互动总监）在 15 年前设立的，当时的目标是让媒体和消费者互动。早期阶段，这个部门是生气勃勃的游击队员，用最小的投资就能制造极大的噪声。部门制造的‘恶作剧’不断增加，也产生了效果。部门从创始人那儿获得了赞助，领导层也知道会有诉讼的风险，知道公司有这样一个部门，但他们能够理解并支持这样做。我担心的是，有人在没有获得上级许可的情况下，就利用帕迪鲍尔的品牌推销产品。”

哈里对下一个元素——协作——抱有鲜明的观点。“创意公司就是一个合作的、必须展示领导能力的公司。不要到处张扬‘这是我的点子’——这个点子源自和他人的互动之中、源自正确的氛围。你不能到处声张‘这都是我的’，否则别人会想：‘如

图5.3　奈杰尔·法拉奇

果我不参与，也就没必要那么拼命干了。’一旦产生任何好点子，要乐于分享它。邀请其他专家点评，给这个点子插上翅膀，让它从一个不错的点子变成伟大的创意。如何让点子变得更大、更好？邀请他人参与进来，一起协作推进。但是，这些不可能全部由董事会决定，必须要有一个创意负责人，能够决定赞成还是反对某个点子。”

达蒙·斯达特是“恶作剧”部门的创意总监，任职期间，他曾和哈里·德罗米有过良好的合作，如今，斯达特和帕迪电力团队一起工作。在 2014 年莱德杯开始之前，“恶作剧”部门发起了“法拉奇欧洲波动”运动。达蒙表示：“帕迪鲍尔最擅长提供大胆的点子，但是，一个好点子和有所突破的创意之间的区别在于有无合理的原因。在这个案例中，我们调查了莱德杯对于球迷或非球迷的意义，利用意义提出一个创意，创意的内容不仅能够吸引新闻头条、主导受众的谈话，而且推动了莱德杯有史以来最好的创收。”

创意指导

- 为了推动公司前进，你或者公司采取了哪些有风险的措施？
- 你如何将“7：2：1 原则”应用于当前正在进行的项目？这一原则是否对你推销新点子的自信心有所影响？
- 当你遇到无法顺利推进的项目时，你如何反思错误之处？如何吸取正确的经验教训？

创意测试

- 列出你所经历的有风险的项目，进行思考：这些项目是成功了还是失败了？
- 你从中学到了什么？这个经验是否有价值？
- 进行一个小尝试。做一个风险低的新项目，注意结果如何，它会带来什么影响及你对此的看法是什么。

37 Cl 协作

协作是商业创意的基础。任何个人都无法超越整体。作为创意总监，我不赞同单独的、出色的个人行为，我鼓励所有成员为实现某个商业目的而共同努力。当我们联系彼此的观点、进行深度合作的时候，往往会产生突破性的创意（温蒂·克拉克，恒美广告集团北美区执行总裁）。

从两人小组到集体头脑风暴，都离不开协作，如今，技术手段可以让协作扩大到上千人的范围。

迎合对方

广告公司的创意团队一般由文案和艺术总监组成，整个职业生涯中他们都会保持合作，甚至会搬到一起工作。

约书亚·沃尔夫·申克在《两人的力量：在创意配对中发现创新本质》（2015）一书中写道：“两人一组就能够忙碌起来，基本上可以推进工作。配对能够增加参与感，甚至是工作强度。在大集团中，单独的个人容易被忽视，但配对之后每个人都会显现出来。”申克挑战了“天才是孤独的”这一说法，并通过列侬和麦卡特尼的传奇组合，深入探讨了“配对”在创意中的关键作用。申克的研究发现，配对工作能够激发冲突、运用话轮转换策略、产生对立观点。

为自己或团队搭建一个创意伙伴体系，是一种能够增加创意动力的有效方式。

群体创意

具有传奇色彩的纽约广告公司——天联广告（BBDO）中的字母 O 指的就是亚历克斯·奥斯本。据说，公司成了知名电视连续剧《广告狂人》的取材来源。有时，奥斯本被誉为头脑风暴的奠基者，他写出了在创意过程领域最具影响力的书籍。

20 世纪 50 年代，奥斯本走在时代最前列。但在我的印象中，团队头脑风暴一直是激发创意的默认环节。第七章“创意过程”会详细探讨这一点。

协作是皮克斯动画的核心原则。

个案研究

皮克斯：打造无穷无尽的创意氛围

强大的皮克斯公司体现了本章的各个元素——事实上，整本书都能引用皮克斯的案例。毫无疑问，你会熟悉其中的某些实践案例。皮克斯如何营造一个创意无限的氛围？普通人又能从中学到什么？因为公司的领导层不断寻找、鼓励并激发改变。正如皮克斯动画的总裁艾德·卡特姆所说：“事物不可能保持不变，它

们应该有所改变。我们只是不会让某个事物保持不变。”（卡特姆，2008）

协作是皮克斯的核心，公司的哲学理念就是营造这样一种氛围：信任、开放、鼓励同事间的评审与争论。例如：

（1）提供反馈——公司从上到下的每一个参与项目的员工都被鼓励提出反馈意见。就连首席创意人员卡特姆和约翰·拉塞特在内的高级团队也要给出反馈，但最终决定权在项目总监手中。

（2）智囊团——一个经常被引用（且受到高度重视）的概念。当制片人陷入困境时可以向最信任并且最尊重的人请求援助，但这些人不一定是最资深的。援助小组针对项目会进行2个小时的讨论及争辩。

（3）“样片”——皮克斯竭力避免个体被孤立以及“样片”的自我审查——不管样片的进度以及制片人的看法，所有人都能在任何一天对其进行审查。如此一来，就有更多的改进机会。

（4）自由交流是沟通结构中高度组织化的一部分。在皮克斯公司，开放政策包含着字面意思：所有办公室的门都是开着的（卡特姆，2008）。

在皮克斯，所有创意方式都是平等的。公司鼓励员工一起工作和学习。皮克斯拥有自己的大学，其校训是 Alienus non diutius，拉丁语的意思是“不再孤单”。院长兰迪·尼尔森表示：“这是我们的核心理念，让员工能够一起失败、一起从失败中爬起来。”从会计到厨师，每一位员工都要学习画画，以及其他数百门课程。和样片的公开审查一样，为了保证反馈和营造氛围，员工在每个阶段都会分享自己的工作。

皮克斯有意把这些流程贯穿到整个公司，通过高度信任、协作、多样化及主动性，公司将创意赋予每一位员工。

像皮克斯一样思考

- 组建自己的智囊团。
- 产生创意的关键点在于接受失败。
- 你的创意要有一个核心的情感诉求。
- 找到一起玩、一起学习的方法。
- 学会灵活——平衡处理冒险（原创电影）和安全性（续集）。

创意指导

试想：最近进行的项目中，有无通过协作而受益的？

- 你能够和谁一起合作？
- 你能与哪类团队合作？
- 是否能够和消费者合作呢？
- 你能想到的，最不可能的合作是什么？
- 你是否有一个能够一起争辩某个观点的争辩对象？
- 你能否利用申克提出的方法来激发创意，比如话轮转换和争论？

48 En 环境

鼓励协作的有效方式涉及本章最后一个元素——环境。

按谷歌架构师克莱夫·威尔金森的说法（2014），最常见的客户需求之一就是："我们应该如何鼓励创意？"

我曾在一些极其糟糕的办公环境中工作过，最糟的一次是在政府大楼里一个小房间里的创意工作室里工作，工作室四周粉刷着灰色油漆，墙皮剥落，且室内充满难闻的气味。

灰暗的房间能产生灰暗的创意

过去十多年来，最大的一个问题似乎是：如何鼓励不同的员工进行偶尔的交流？

自从史蒂夫·乔布斯为皮克斯设计了洗手间，保证了员工能够经常碰面之后，员工之间的偶遇被看作是创意办公环境的关键元素。

大多数企业都接受这样一个观点：如果想让创意蓬勃发展，那么，至关重要的是增加员工的偶遇次数并鼓励合作。总部位于拉斯维加斯的在线服装零售商"美捷步"关闭了连接停车场和办公室的一座天桥，这样一来，所有员工必须从前门进入公司（《商业内幕》，2013）。这不仅迫使员工观察外部环境并与之产生互动，而且增加了员工在前往公司的路上偶遇的机会。作家亚当·奥尔特访问了谷歌的纽约办公区，发现所有办公室均距离零食区 150 英尺（1 英尺 =0.3048 米）以内，这说明：公司通过鼓励员工"频繁吃零食"，让不同小组的成员产生接触。

对于那些想要提升创意能力的公司来说，办公室环境往往需要优先重视（最起码让人看起来像是重视办公环境），但再好的环境也无法弥补领导力或信任的缺失。

激发办公室创意的 5 个技巧

1. 学习皮克斯、谷歌和苹果公司的做法（苹果公司位于旧金山库比蒂诺的新总部每天都有员工流动，每天都能遇到新人）。为那些不常碰面的团队找到交流的方法。为实现效益最大化，确定哪些团队应该会面（在哪儿碰面）。

2. 在构思阶段，试着为员工营造一个能够互动并交流观点的空间。你的动机和点子应该放到团队的面前，而不是总经理电脑的保密文件里，或者被保存在资料柜里。

3. 始终留有时间和空间进行反思，不要让内向的员工被“强制”的互动所吓倒。一种解决方法就是搭建一个经过专门设计的工作区。天空广播公司西伦敦办公区的工作气氛与其说是办公室，不如说是一个轻松的私人会所，办公室配备了咖啡区、餐馆和高背椅，提供了隐私空间；而且圆形的会议区为员工提供了思考、会谈和工作的空间。谷歌总部园区被划分为“热区”——办公和活动区和具有私密性的“冷区”。

4. 增设大黑板（或大白板）。在重新设计办公室的时候，我设计了黑板，我发现这十分有助于解决问题，能够展示并分享不同的观点。这一元素使“个人”问题变成共同的问题，包括人力资源部、会计部在内的任何员工都能分享好点子。黑板十分直观，而且价格相对便宜。

2015 年 4 月，锐思博德公关咨询公司搬迁，新办公区设计了多个创意空间。会议室和总经理办公室的墙面设计为速干墙，以便快速、简单地记录头脑风暴的点子。办公室还粉刷了两面超大的黑板，用于长时间地直观展示及记录具体的头脑风暴项目。作为公关咨询机构，公司定期举办创意会议，为客户开发新的创意项目，并且最重要的是，提升第一时间捕捉创意的能力。公司创意总监遥（Haruka）设计了其中一面黑板，用来反映公司的两大关键信息。第一部分用来记录每周的“布鲁斯奖”及奖金（提名卓越贡献的员工，进行月度评选，奖金为50英镑）；第二部分是公司的年度进度日历——直观地记录公司全年要进行的项目，以及已经完成的项目（米德尔顿，2016）。

5. 如果你仍在使用独立的办公室，思考如何鼓励更多的协作。“伦敦妈妈”是全球最受尊敬的创意机构之一，且拥有一个家喻户晓的名字。公司战略总监克里斯·加勒里在采访中表示：

“我们的办公环境生动地反映了我们的工作理念。良好的环境有助于在工作中激发协作、分享和交流。许多创意公司都在谈论这些原则，但是，我们的办公环境不仅仅是鼓励交流，还包括如何做事……没有隐藏、没有交接、没有自负，每个员工都在为最好的点子而努力。”

图5.4 在锐思博德公关咨询公司，黑板提供了一种简单、有效的信息分享方式

图 5.5 “伦敦妈妈”创意公司由建筑师克莱夫·威尔金森设计，巨大的混凝土办公桌，像一条蜿蜒的跑道

本章回顾

回顾本章的 8 个创意元素，并逐项对你的业务进行 10 分制评分。尽量真实、客观地评估公司的情况，而不是按你想象中的打分。

例如，公司是否具有较高的信任度，是否需要有所提升？员工是否能够自由辩论？公司有无开放政策？

打分之后，按分值从高到低进行排序，这样你就能看到公司的优势及需要改进的地方。

- 今天，你能否做一件事，可以对团队或公司产生最大影响？

> • 根据本章内容，你能否找出阻碍团队或公司创意能力的最大障碍？
>
> • 如果必须从本章选出 3 个有助于创意成功的元素，你会选择哪些元素？

表 5.1　创意文化

元素	关键问题	公司的最大优势有哪些？按 1 ~ 10 分为下列元素打分	你最需要发展的领域有哪些
领导力（Lr）	在鼓励创意方面，公司领导在多大程度上达成一致		
信任（T）	公司的信任值有多高		
时间（Ti）	分配给创意的时间有多少		
观点支持（Is）	员工对他人点子的支持程度有多少		
辩论（Db）	针对自己的创意，你是否鼓励他人进行点评、争论		
冒险（Rt）	你是否鼓励冒险？从错误中吸取经验的能力有多少		
协作（Cl）	你是否准备好协作		
环境（En）	你的办公环境是否有利于创意的产生？你会做何改善		

本章要点

积累创意元素的方法有很多，可以按自己的兴趣在竞争领域进行“调整”，并创造理想的条件来激发真正的原创点子。

本章分别展示了 8 个创意元素的相关案例，这些公司有意营造一种持续的、最佳的创意氛围。如果你只关注本章的某一个创意元素，那么，首先要解决的问题是如何利用领导力激发企业的创意潜能。

第六章　目标

创意元素

本章探讨以下 5 个创意元素：

人类的天性就是追寻目标——寻找比自己更伟大的、更永恒的目标。

——丹·平克

你的目标是什么？

对于个人来说，这是一个令人害怕的重大问题，尤其是对那些在大企业工作的人来说，很难确定目标究竟是什么。我们为什么要做这些事？这对创意有何意义？对于公司来说，这个问题日益重要——要想聘用或吸引“千禧一代”，企业必须明确目标才能获得收益。

目标关乎人生意义，是清晨叫醒我们的动力。创意及动机研究专家阿马比尔和克雷默提到：“员工必须了解他们正在解决的问题，以及问题的重要性。只有清楚工作的意义，他们才能拥有内在动力。产品需要有一个有价值的目标和清晰的战略方向——不论是治疗疾病还是新型娱乐方式，目标明确才能改善消费者的生活质量。”（阿马比尔、克雷默，2012）

上文提到，创意公司 Unity 的目标是“增加人类幸福感”。对于家喻户晓的品牌来说，有义务公开聘用政策、奖励机制和客户的工作进度。恒美广告公司的名誉主席基思·莱因哈德在第五章中提到：目标是领导力的关键所在。他提到：“员工会追随你，如果你不仅能带来金钱，还能带来工作的意义。”

对未来的工作有目标规划，这对克服创意障碍至关重要（布鲁斯·戴斯利）。

对于目标和创意的关系，推特网英国区总经理布鲁斯·戴斯利有亲身经历，他在采访中说道：

“我们有过相关经历，辛苦工作几个月后不得不放弃。员工辛苦工作 6 个月，已经做出了一些成果，也相信这个项目会成功，这些努力付出让人觉得项目一定会实现。但 6 个月后有人说，市场测试之后用户不喜欢这个点子，或者是公司改变主意了，原来的计划被舍弃，必须重来。

不管是唱片制作人的专辑被否定，还是作家需要推翻重写，都能带来十分强烈的挫败感。因此，目标感十分重要，它能提醒你，‘好吧，前面肯定会有困难，但是我们做这件事是有原因的’。目标就是提醒你所做之事的合理性，否则大多数人无法承受频繁的打击。”

我们生活在万变的时代

我和商业记者凯特·麦基合作编写本章内容。凯特在过去10年里为*Campaign*、《成功营销》等杂志提供品牌、创意和市场营销方面的报道，尤其是她观察到了社会效益型创意的增长趋势。

员工希望从工作中获得更多的意义，而消费者在透明度和社会效益方面对企业具有较高的期待。作为回应，许多品牌营销已经“从建构品牌转向明确立场”。

知名品牌和非营利性机构可以通过增加收益和提升威望为改善生活，甚至拯救生命做出真正的贡献。宝洁公司Always系列卫生用品发起了“像女孩一样”的营销活动，激起了关于女孩潜在的偏见的全球讨论。这场营销增加了50%的选购意向，并获得了一个联合国授予的女权支持奖。20年前，当我第一次进入公关领域时，这种营销可能是企业社会责任的一部分，如今，它已成为消费品牌的营销策略。

本章首先介绍的元素是热爱和愉悦。

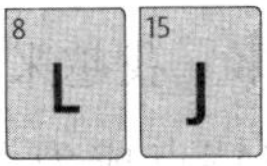

热爱和愉悦

> 你必须找到真正热爱的……工作将会占据人生的大半部分，真正满足的唯一方法就是相信自己所做的是一项伟大的工作。做伟大工作的唯一方法就是热爱你所做的。如果你尚未找到自己的所爱，继续找，不将就。
>
> ——史蒂夫·乔布斯

本书内容建立在人人都有创意的前提下。足够幸运的人选择了能够运用自己创意能力的事业。对于寻求答案、表达自己和学习未知事物，人们喜欢经历、创造，甚至表现出痴迷。如果报纸上有客户的报道，我经常会把闹钟定在清晨 4 点，以便拿到头一份报纸，在纸媒主导世界的美好日子里，看到自己精心编写的文章印刷在社评板块，那种愉悦感证明了工作的价值。

当然，在努力创意的过程中所获的兴奋是另一种体验。创意总监凯利·芬尼根表示，所爱之物让自己热血沸腾，面对“热爱的设计和创意，都有舔本子的冲动”。英国奥尔顿塔①的设计师约翰·霍德里简明扼要地说：“我热爱我的工作，它能带来很多愉悦。”

许多艺术家、作者和创意人员都有创造和实践的使命感。《变形记》的作者弗兰茨·卡夫卡不得不在晚上创作，因为他白天在保险公司工作。歌手兼作曲家阿黛尔在推出最畅销专辑之前，度过了 4 年空窗期。她当时这样问自己：“你还要不要继续做音乐？当然要啊……其他事情我也不会。”（帕西瓦尔，2015）

伊·保罗·托伦斯（1998）多年从事创意研究，他总结：“……创意之士的本质特点是，他们热爱所做之事。我越来越强烈地意识到，正是这种热爱之情才使得其他性格特点成为可能，比如，勇气、独立思考、判断、诚实、坚忍不拔、好奇、愿意冒险等。”哈佛商学院教授特蕾莎·阿马比尔（1986）赞同这一观点，“正是‘热爱的努力’决定了创意能力”。

即使是世界上最受人尊敬的科学家也承认“热爱”的重要

---

① 奥尔顿塔：Alton Towers，位于英国中部西北斯塔福德郡的 19 世纪哥特式大厦，拥有大片花园，现为大型游乐场所在地。

性。进化系统科学家大卫·洛耶发现：达尔文在《人类的由来》一书中提到了95次“热爱”，而只提到2次“适者生存”——进化论的名句。

我认为，对于创业者来说，谈论热爱的事业要容易得多，因为他们按照自己的价值观有意创造了自己的事业和工作方法，而不是为“某人”打工。过去20年的职业生涯中，我只为一家公司工作，在这家公司，赚钱凌驾于其他所有共同的目标。30岁以前，我的主要目标就是赚钱，但我变得越来越不幸福，对生活越来越不满意，最终我逃离了这种仓鼠转轮式的企业。

人们陷入了一种幻灭情绪中——除了毫无意义的薪水，以及40年、50年或60年漫无目的的工作之外，人们想从生活中得到更多。在当下情景，时间已经不多了（多姆·杰克曼，2015）。

正如“逃离城市”团队的发现：我不是一个人。该团队发布的2015年“工作满意度诊断报告”显示：如今，人们的工作方式显示出三大流行趋势。

- 21世纪，科技的进步彻底改变了工作的概念（你可以在巴厘岛沙滩上工作）。
- 受到经济衰退的余波的影响，大企业的员工信任值达到了历史最低点。
- 步入社会的白领对自己的工作抱有不同期望，而不是为了父母而工作。

“逃离城市”旨在帮助人们寻找意义，团队指出：“如果上百万人能够做自己热爱的工作，那么世界将会改变。”（逃离城市，2015）参见第二章对“逃离学校”负责人马特·特里内蒂的采访内容。

创意指导

- 你热爱什么？什么能带给你愉悦？（思考并诚实回答——可以是任何事物：编码、鞋子、咖啡或是你的奶奶。）你如何将那份热爱运用到创意之中？
- 你是否有过这样的经历：某个出色的项目让你忘记了时间？
- 当时的情景是怎样的？
- 不论多么忙碌，你总会挤时间去做的事情是什么？你如何将其应用到创意之中？

27 Mn 金钱

对个人和企业来说，金钱当然是创意的关键因素。利用创意以实现商业目的，或使用当前营销市场擅长的"应用型创意"，这也是我在消费公关领域从业 20 年来的工作重点。

一次有效的品牌交流活动能够建立更多的情感联系，让消费者更容易记忆和分享，提升了消费者的购买意愿，最终增加了销量。你的预算或许无法超越对手，但是，你可以通过更有创意的销售策略和营销方法来战胜对方。

商业创意案例

詹姆斯·赫曼（2011）在《创意案例》一书中解释了为何更有创意的营销能带来更高的销量——更有创意的广告能吸引更多

消费者，流传的时间更长且更容易口口相传。

2011 年，广告从业者协会研究发现，在 2003 年至 2011 年间，获得创意奖的广告的市场份额比那些未获奖的要高 12 倍。

这是因为更有创意的广告往往会产生更多情感联系，为消费者和媒体带来更多口碑和话题。在愈加碎片化的媒体环境中，接触大量受众变得更加困难，但知名度能够帮助企业激发更多情感联系。

企业的目标不仅仅是把手中的产品卖给有需要的顾客，而且要让受众相信你所相信的事物……你如果因为一个人会做事而雇用他，那么，他会为了你的钱而工作。但是，如果员工相信你，他们会热血沸腾地怀着感激之情为你卖命（西蒙·西涅克，领导力专家，2009）。

西涅克在《从为什么开始》一书和 TED 演讲中，列举从苹果公司到马丁·路德·金的大量案例，来证明“消费者买的不是你的产品，他们买的是生产的理由”（西涅克，TED 演讲，2009）。西涅克强调，金钱是结果，不是原因。

西涅克提出了由 3 个问题组成的“黄金圈”：先确定理由，然后确定方法，最后确定什么产品。西涅克强调，许多公司能够清楚说明产品是什么以及如何生产，但却说不出原因。

创意指导

- 你认为，金钱在多大程度上能够激发你的创意能力？
- 你如何衡量你的创意能力？给出一个分数。
- 在工作中，你个人的激励目标是什么——不论公司的目标是什么。

在利润和竞争优势至上的商业领域，能够提出创意并不容易，试想，在英国国家医疗服务体系——全球第五大机构中发起一项变革型草根运动，这会有多么困难。但包括杰姬·林顿在内的变革者团队做到了这一点。

个案研究

从一无所有到 18.9 万份承诺——来自英国国家医疗服务制度的社会变革活动家杰姬·林顿关于目标的个人故事

> 要想真正地认识自己，你必须像数学考试一样把“论证过程”展示出来，而不是直接给出答案。只有在过程中方能找到答案。
>
> ——杰姬·林顿

创意总监兼“新激进分子”杰姬·林顿是英国“国家医疗服务改变日”的重要组织者之一，这是一项邀请大众为改善医疗护理做出公开承诺的草根运动。如今，这项运动作为游戏改变者，已扩展到英国的 10 个城市，对英国医疗现状提出了挑战。

杰姬在采访中提到，目标是这项运动能够成功的关键因素。

杰姬·林顿最初只是英国国家医疗服务体系里的一名心理护士，她有着强烈的使命感，渴望帮助他人、改变世界。杰姬认为布兰奇——她的第一个病人，是她的灵感之源，让她认识到人际关系的重要性。杰姬表示，是布兰奇教会了她如何聆听。

而杰姬的事业并非一帆风顺。早期工作中，杰姬表现出叛逆

图 6.1 杰姬·林顿

思维，她面临着艰难的处境，不得不考虑是否要改变现状。她拒绝做同事的帮凶，成了一名“告密者”。这段经历让她感到无助，并且对自己的职业感到失望。

“我变得内心强大，开始努力改变，勇敢说出小时候的经历。20 世纪 50 年代，我的父母遭受迫害并移民到英国。但是，和大多数人一样，我开始‘小心谨慎’并质疑自己所做的事情，这严重影响了我的思考能力。在前半生里，我必须刻苦钻研并不断发问，最主要的问题就是：我如何才能满足自己对更多创意和自主权的渴望?”

杰姬通过一种创意方式消除了自己的无助感，早年的经历促使她走到了今天的位置，她也改变了医疗体制的地位。

30 年后，杰姬目睹了斯塔福德郡医院的失败，开始着手处理国家医疗服务体系中的一些棘手问题。她发现，国家医疗服务中存在着许多类似的失败案例，而关键问题就在于“承诺的缺失”。

在采访中，杰姬提到了自己意识到目标不再清晰的那一刻：

“在最近一次面试中（大概是第十次面试），当时应聘的是一个总监的职位，在被问及所梦寐以求的是什么时，我完全愣住了。我竟然说不出任何有意义的东西，感觉就像迷失在一个白色的隧道，别人都离开了，只剩下我和面试官。那一刻，我突然意识到自己没有目标了。

我在工作的噪声里迷失了，被企业的职位和权利分了心。面试之后，我去苏格兰休假，在那儿整整哭了 5 天，伤心的不仅是面试失败，更是内心深处自我迷失的无助感，我就陷在那儿，不知道要做什么，不知道自己喜欢什么。

经过一段时间的反省后，我认识到自己的弱点，于是我选择了一个自己真正感兴趣的职位，尽管这个职位低于我的水平（不是为了钱），但它符合我的预期，而且我相信能够有所作为。

我了解到，一旦工作有目标，就会获得更多成就，因为你是自然而然在做事，不会再无意识地克服情绪。当个人目标和同事或企业的目标结合起来之时，目标就会变得更明确、更有说服力。

企业首先设置自己的目标，然后邀请有相同目标的员工加入进来。从另一方面来说，‘改变日’就是把个体的目标与组织的目标（尽管稍有不同）结合起来，进而激发更多创意和吸引力。

当我重新启程寻找自己的目标，我意识到我要寻找的不是某个职位或标签，而是工作的意义，能够发挥自己最大价值的意义。我是一个有创意、有才智的人，如果不能发挥自己的创意能力，那我的心就会死掉。”

杰姬的励志故事表明，目标和创意关系紧密。有了目标就有冒险的勇气，就能深入挖掘、坚定信念，就能自信地去做那些从未做过的、激进的事情。

杰姬：确定目标的几个建议

（1）对于个人而言：

- “知道自己是谁，进而了解自己的价值观。当你坚守自己的价值观时，它们会提醒你为什么做这件事，进而提升你的适应能力。”
- 找到你的超能力！“我重视的是联系的力量——把人与人联系起来。真正的问题在于，并非所有工作或头衔都需要这种品质。首席连接员！这就是我的超能力。”
- 你的能力是什么？你在（潜）意识领域最擅长的是什么？询问 3 个最要好的支持者，问问他们，你最大的优势是什么。
- 表现出毅力。“我意识到自己面临一个选择——待在原地或是走出舒适区、向前一步。”

（2）对于企业/组织而言：

- “共同创造一个强大的目标。英国国家医疗服务制度的改革借鉴了马歇尔·冈茨（肯尼迪政府学院公共政策高级讲师）的论著，以及其社会运动理论（奥巴马总统竞选活动的组织原则）。他的观点和我的工作及个人价值观不谋而合。”

- 一旦员工理解了改革的目的，他们不需要命令就会进行下一步。员工会这么做——不是因为“不得不做”，而是因为他们“想去做”。

- 在“工作之前做工作”，不断沟通交流，把以人为本的精神发扬光大，直至实现目标。

- 创造一个令人热血沸腾的野心，让员工从恐惧转为满怀希望。通过明确的分工、可衡量的目标以及实际改变，让员工专注于内在动力和精力。一旦产生了这种社会力量之源，就能把一个项目或创意变成一项自发的而非强制的运动。

- 给予希望而非恐惧。希望一旦发芽就会产生强大力量。当这一力量分裂，员工怀抱希望并且朝着共同的目标努力，那么，就有可能迎来一项变革运动。我对人充满希望。什么让你充满希望？

当然，做热爱之事（不论工作还是娱乐）有助于增加幸福感和开心值。正如上文所说，对于企业和个人来说，一个重要的创意动力就是：过更有意义的生活。通过帮助别人让世界变得更加美好，还有什么比做到这点更有意义呢？

商业中，热爱与金钱在下一个元素中交汇——社会效益。

38 Sg 社会效益

正是社会给了我们行动和经营的权利。如今，企业领导必须思考如何解决社会带来的挑战，因为只有解决了社会问题，才有生意可做（包必达，雀巢董事长，2016）。

过去几年里，企业能在盈利的同时对社会产生积极影响，这一观点已经被越来越多的企业所接受。当然，企业对员工、消费者以及所处的经营环境承担一定责任的观点并不是一个新概念。吉百利家族为员工营造了良好的工作条件，随后，亨利·福特也转变了对员工的态度，因为福特意识到，改善工作氛围能够增加生产效率和员工的服务年限，并且“顺便赚点钱”。

自利原则以及“贪婪是个好东西”的处世哲学，这是1987年电影《华尔街》中虚构的角色戈登·盖柯的经典台词，这成了20世纪80年代流行的商业意识形态。

如今，做公益就是做生意

公司把可持续性看作一种门面装饰（或更糟糕，当作消耗利润的外物），这种观点已经一去不复返了。今天，企业领导认识到，社会责任和可持续发展及利润息息相关。做善事就是做生意（马丁·索瑞尔爵士，WPP广告公司董事长，2014）。

吉姆·施坦格尔曾是全球最大的广告商宝洁的首席营销官，他与华通明略咨询公司合作，对5万个品牌的发展进行了为期10年的研究，并推出了《增长》一书。吉姆观察到，相比于竞争对手，那些把改善生活质量作为发展宗旨的品牌，能够与消费者建立起更紧密的联系，最终获得更多利润。

吉姆的研究表明，2001年到2011年间，对“施坦格尔50”的投资回报率——被评为发展最快的50个品牌，其核心理念是以人为本——比标准普尔指数的投资回报率高了400倍（吉姆·施坦格尔，2011）。

转变为消费者思维

史无前例的，消费者拥有更多权利，他们能够轻易获得信息，能够轻而易举地在网上获得声援以抨击某个品牌。公开透明已经成为企业越来越重视的一点。《爱德曼信任度调查报告 2016》显示，80% 的受访者（来自 28 个国家的 3.3 万人）认为企业应该采取行动，在获得利润的同时改善所在社区的经济和社会条件。

报告还显示出，如果企业或领导积极参与解决社会问题，那么，员工的行为表现、工作年限和口碑度都会有所提升（爱德曼，2016）。

在过度饱和的市场环境中，企业拥有积极的社会影响将是一个良好的区分点。与社会共同价值观的关系越密切，就能带来越多的忠实消费者。同时也能吸引更多受鼓舞的员工。

B 类企业运动

越来越多的公司接受了社会道德认证：如巴塔哥尼亚户外用品公司、沃比帕克眼镜公司和库克冷冻食品公司，它们都是“B 类企业运动”的一员。获得 B 类认证的关键因素是：企业“必须创造社会价值，而不仅仅是市场价值”，并且利用生意来做善事。沃比帕克眼镜公司创始人推出了一款昂贵高品位的定制眼镜，公司每卖出一副，就为有需要的人捐赠一副。

图6.2 B类认证

与此同时，巴塔哥尼亚户外用品公司鼓励消费者：如果不需要户外用品，千万别买他们的衣服。2011年的黑色星期五，公司在《纽约时报》上刊登了一则广告："千万别买这件外套。"并解释了这件衣服的制造过程对环境产生的影响。该公司进行了"穿旧衣物"的营销活动，旨在鼓励消费者在必要时缝补或重新回收利用旧衣物。

巴塔哥尼亚户外用品公司执行总裁罗斯·马卡里奥在官网的一封公文中写道"缝补是一种激进的行为"，而且"B类企业运动是一生之中最重要的活动之一，它基于一个简单的事实：企业影响和服务的对象不仅仅是股东——企业对社区和地球肩负着同样的责任"。

位于英国的冷冻食品零售商库克冷冻食品公司采取了一系列措施，包括向慈善机构捐赠多余食物、为员工成立"梦想学院"，以及向非洲国家马拉维捐赠肉制品。公司表示，B类企业认证提供了一个"没有废话"的标签，证明企业说到做到。"为了获得B类认证，必须通过严格的评估，证明企业在社会和环境方面做出了一定绩效，建立了良好的问责制，并且有一定透明度。"

在130个行业中，超过1700家公司进行了B类企业认证。2016年，巴西领先的化妆品公司Nature（自然）成为首家上市的B类企业。作为最大的B类企业，它大大推动了整个认证运动。冰淇淋品牌Ben & Jerry's于2012年获得B类企业认证，成为"全球首批把社会效益和经济利益放在同等位置的企业之一"。该品牌首席执行官乔斯坦·索尔海代表联合利华与B类企业进行谈判（联合利华于2001年收购了该冰淇淋品牌），双方探讨了跨国企业如何获得B类认证。这是一个明确的信号，证明了B类企业运动正获得广泛的支持和认可（孔菲诺，2015）。

图 6.3　B 类户外用品公司巴塔哥尼亚的广告：“千万别买这件外套”

个案研究

辛迪·盖洛普是百比赫创意广告公司的创始人之一，辛迪认为："未来商业中，做公益的同时就是在做生意。"她向凯特·麦基阐释了自己的观点。

"我创建了网站 If We Ran The World（这是一个把愿景转变为行动的在线平台），因为我相信，未来的商业模式是：共同的价值观加上共同的行动，才能带来社会效益和经济利润。"

为什么还没有更多的公司参与进来呢？

"对于很多企业来说，最大的障碍之一就是公司的架构不合理。企业从销量/利润到社会责任，还需要一定的积累。这些企业的经营理念是：'我们一边赚钱，一边用支票安慰良心。'而肩负社会责任的领导会有这样的心态：'这些做法不过是为我们的公关人员提供一些谈资。'利润和公益结合起来才能产生改变。在未来的商业中，赚钱就是做公益，把公益融入日常工作中。这是未来发展的关键动力。"

为什么企业要对公益感兴趣？

"因为这样企业会赚更多的钱，卖出更多的产品。如今还存在一个可笑的观点，认为做公益完全是出于利他主义。胡扯，才不是利他主义。我想让大众知道这样的企业能赚多少钱。如此，才会有更多公司愿意利用这种模式：把共同的价值观和积极的社会影响结合起来，这样有助于企业和消费者建立稳固的联系。企业能赚钱就是因为它做了公益。我完全赞成未来的这种商业模式。"

创意如何发挥作用？

“生活和职场上的一切都始于你的价值观。对个人和企业都是如此。你的价值观是什么？你的立场是什么？你认为自己是什么？”

“这就是你应该承担社会责任的原因。这应该是企业业务或个人价值观带来的直接结果。当你践行了社会责任，你才能找到新方法、进行变革式的创新。这个世界确实需要把更多的创意运用到公益事业当中。”

49 C 文化

是文化造就了人。它给予我们力量，它是创新和创意的源泉；它为当下面临的众多挑战提供了答案。

——伊琳娜·博科娃

创意能对流行文化产生影响，从而能够激发创意、延长创意的保质期，取得商业成功，并且真正改变社会行为。然而，是否能够产生长期影响，取决于创意和文化的关系是否紧密。你是否记得 2012 年伦敦奥运会的大赞助商（资助了 11 亿美元）？你是否记得今年是谁赢得了超级杯比赛的广告？这两大文化赛事花了数百亿美元的营销预算，但是，并非所有当下轰动一时的赛事，都能在 20 年后被提及。

2015 年，Facebook 创始人马克·扎克伯格承诺把 99% 的股份（价值 450 亿美元）捐给公益事业，这无疑是公益领域值得铭记的时刻。

这涉及创意与文化的广泛讨论。契克森米哈（1998）表示，创意“存在于特定的社会和历史语境中”。他列举了一个真假名画的例子——如果你只看到了赝品，你会说它十分有创意，但较之原作，它没有半点创新。

哈沃德·加德纳（1998）说过，西格蒙德·弗洛伊德是政治和文化的产物——他的教育、交际圈、同伴、批评者及当时的流行观点都对他的理论和著作产生一定影响。怎么可能没有影响呢？

任何历史时期里最重要的创意人物——那些留下遗产的先驱——都对当时的流行文化产生影响或发起过挑战。他们源自当时的文化，又对文化产生了影响。

个案研究

影响流行文化

维姬·马奎尔是葛瑞伦敦广告公司的执行创意总监。近几年，这家创意广告公司为商业机构和非营利性组织设计了一系列获奖的“公益”广告。

马奎尔影响最大、效果最好的作品之一就是 2012 年为英国心脏基金会设计的广告，这则广告邀请了英国著名演员维尼·琼斯，他按照比吉斯乐队《活着》的歌曲节奏，用手进行心肺复苏。

“维尼”广告帮助英国心脏基金会解决了一个难题。那么，创意是如何帮助传达必要信息的？

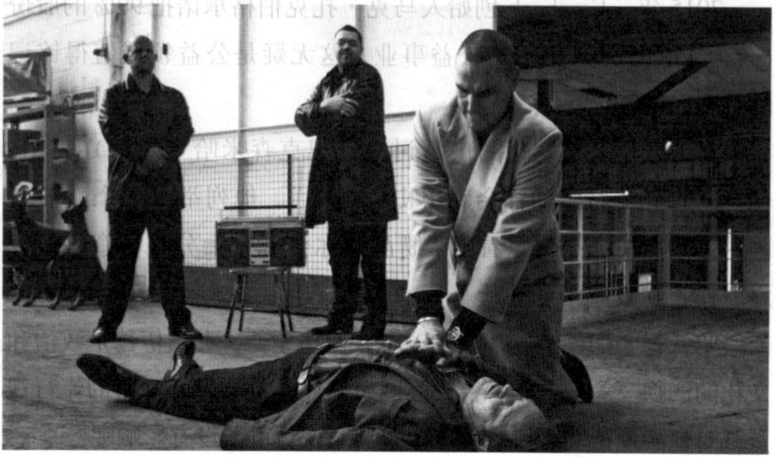

图 6.4　演员维尼·琼斯展示如何操作心肺复苏

“不得不承认‘维尼’广告是我做过的最难的广告创意之一——要在‘40 秒内，向英国观众展示如何救人’。我们知道，公开的医疗服务声明肯定通不过审核。四处打听之后发现，事实上，很多观众根本不愿了解如何救人。因为人们害怕被起诉，也不愿用嘴去亲一个留有胡子的病人……所以，如果你在肖迪奇区（伦敦东部）突发心脏病，那你死定了。我们知道，尽管一个‘穿白大褂的家伙’在慈善广告中的行为和观众期望的标准相差万里，但是确实传达了一些容易记住的硬性指导。正确的心肺复苏操作必须在 1 分钟内用力按压胸部 100 次。演员维尼·琼斯是典型的硬汉。如果他让影迷去营救他人，一定会奏效。

正确的心肺复苏操作必须让胸腔正面朝上（对准戴奖牌的位置）。歌曲《活着》的节拍恰好是每分钟 100 次。广告把这些元素组合起来，就产生了有趣的画面，观众乐于谈论和分享（观看

500万次)，而且还会牢记‘跟着《活着》的节奏，使劲、快速按压’。截至目前，40位心脏病人因为陌生人的‘维尼复苏’而活了下来。英国国家医疗服务机构利用这则广告，为16岁以下的儿童改编了一部教育影片《小维尼》，并在学校定期播放。我认为，每个企业都应该审视自己在文化中扮演的角色。人们应该鼓励企业为社会公益做贡献。”

如何说服客户，让他们把广告预算用于社会公益？

“我不买流行的东西。我认为，消费者能够认清那些冒充公益的自私服务。宣扬社会良知的汽车品牌就属于这一类，但沃尔沃不同。沃尔沃的核心理念就是服务社会。将于2020年推出的新款沃尔沃，其设计理念就是不会让任何人撞死或受重伤。对于汽车制造商来说，这是一份强有力的声明。正如安全带的设计者，他们公开了知识产权，于是所有汽车企业都在使用。沃尔沃推出了‘生命喷雾’，一种针对自行车骑手设计的不可见/可见反射喷雾。这一设计把行车安全，从车内延伸到车外。当然，没人愿意死于车祸，也没有司机愿意撞死别人。目前，国内已经有超过500家经销商和自行车商店销售这款‘生命喷雾’。截至目前，销量已经达到了50万瓶。”

图6.5　生命喷雾

创意指导

- 作为一种企业的激励措施，在社会公益方面，你是否做出相关说明和承诺？
- 你的企业与客户及消费者有无共同价值观？你如何将这些价值观运用到创意之中？
- 世界范围内，你最想看到哪些好事发生？你如何鼓励企业员工参与到你所期待的事业中？

创意测试

探寻个人或企业的目标所在

- 你愿意捍卫、争取并坚守的信念是什么？
- 米利根和史密斯在《目标：一次人见人爱的品牌消费体验》一书中指出，有目标的公司会做 3 件事：有立场、立场独特且坚定不移。两人提供了一个免费的在线工具包，有助于读者和企业一步步找到自己的目标。
- 为自己或公司想出一个可操作的新事物以实现目标。可以是一件小事，但开放思考它能带来什么样的积极改变。

表6.1 最终目标

元素	关键问题	最大优势，按 0 ~ 10 分打分	最大的发展潜力，按 0 ~10 分打分
热爱（L）	你是否因为热爱，做过与工作相关的其他工作		
愉悦（J）	什么工作能给你带来愉悦		
金钱（Mn）	工作上，你是否能理清创意和经济回报之间的关系		
社会效益（Sg）	对于你的公司来说，创意和社会效益有多重要，或者两者的关系有多密切		
文化（C）	你在多大程度上，或者，你是否会利用流行文化来增加创意的目的性和关联性		

本章回顾

目的给予我们理由、意义，以及问题的答案。清晨起床的动力是什么？思考你的理由。

- 什么问题能激发你的动力？
- 你热爱的是什么？
- 你在哪些方面能够有所作为？（可以利用第一章有关价值观的思考，这对你的目标一定有积极影响）
- 你如何把这些目标运用到工作之中？
- 回顾本章内容，然后思考——你的最大优势是什么？
- 你的盲区是什么？
- 分别为你的优势和盲区评分，满分 10 分。

本章要点

职场变化莫测。人们希望找到工作的意义。正如上文所说，这种倾向有助于将更多创意运用到公益中，帮助解决社会难题，如联合国关注的女性不平等问题。正是这种倾向推动了使命驱动型企业的崛起，如把目标和利润结合起来的美国品牌汤姆斯布鞋①。让世界变得更美好，这是一个强大的动力。如果员工认为这是有价值的事情，那么他们就会全力以赴。

对于个人而言，一旦有了目标就有了面对挫折的勇气，有了集中精力、完成手头任务的决心。目标是区别平庸和出色的重要因素。

对于公司而言，赚钱和公益并不矛盾。有助于公益的创意能够激发巨大动力、产生意义、牢固品牌与客户的关系，并且提高利润率。

---

① 汤姆斯布鞋：TOMS，著名的美国休闲鞋品牌，公司全称美国汤姆斯国际控股有限公司，产品设计出自美国设计师布雷克·麦考斯基。

第七章　创意过程

创意元素

本章介绍以下 13 个创意元素：

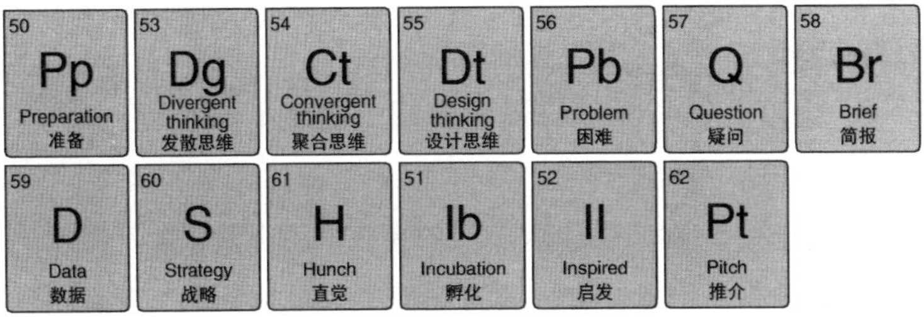

准备

在涉及观察的行业领域里，机会往往只偏爱那些有准备的头脑。

——路易·巴斯德①

相对新颖的观点是，人们可以有意识地塑造并影响自身的创意能力。本章有条理地分享了克服创意困难的不同方法，并总结出相应模式。有方法论证明，“过程”这一词表明了一种有明确步骤的方法，但是，这种方法经常是非线性的且像一团乱麻。

格雷厄姆·沃拉斯（伦敦经济学院创始人）基于他在《思维的艺术》（1926）一书中对创意人群的研究，提出了早期创意过程的 4 个阶段，其中 3 个阶段涉及本章的 3 个元素：

- 准备——这是针对问题进行的“一种困难重重、有意识的、系统的且无所收获的过程”。
- 孵化——这是潜意识的职责。
- 启发——“愉悦的观点出现，随之而来的是一些心理活动”。
- 验证——对“愉悦观点”的有效性进行测试。

验证并非一个新概念，因为正如第一章提到的，“评估”涵盖了验证环节，而且可以通过第八章的实用工具来完成。

奥斯本·帕尼斯的“创造性问题解决模式”（CPS）是根据创意研究先驱们的成果发展而来的——先是亚历克斯·奥斯本，然后是著名的西德尼·帕尼斯和鲁斯·诺勒，两人在纽约州立大学布法罗分校创建了国际创意研究中心。如今，在日常的创意咨

① 路易·巴斯德（Louis Pasteur）：法国微生物学家、化学家，近代微生物学奠基人。他通过研究证明了发酵是由微生物引起的，进而发明了广泛应用于食物和饮料的“巴氏杀菌法”。

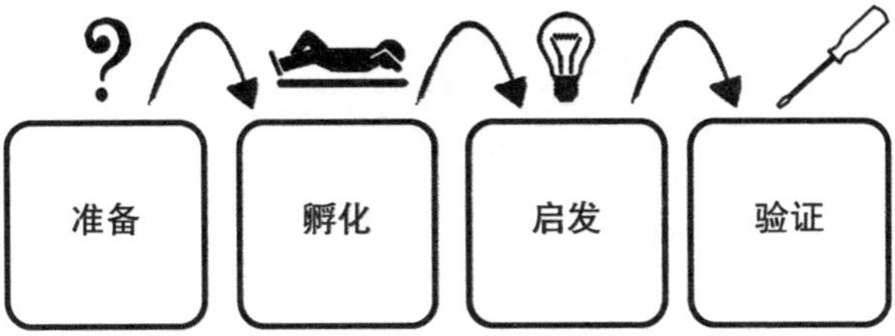

图 7.1　沃拉斯创意过程模式图

询和培训过程中，通常会采用这种 CPS 模式和工具。该解决方案步骤包括：

- 明确目标。
- 查找漏洞。
- 查找数据。
- 明确问题。
- 搜寻创意。
- 求解方案。
- 寻求认可。

下一章节介绍的工具将按照创意过程的各环节与需要的思维类型进行分组。

依赖于个人和团队创意或涵盖直觉的创意模式通常被归为心理学范畴。

图 7.2　可以把创意的各个过程看作积木或“精神乐高”

53 Dg 54 Ct 发散思维与聚合思维

该模式（和多数模式一样）受到了吉尔福特（1967）提出的两个相关元素的影响。发散思维是探寻各类事物、探索多样性和多变性；而聚合思维要求确定优先等级，并且挑出最具可行性的点子推行。人们每天在两种思维模式中进行频繁切换，缩短两者的距离。在产生创意的早期阶段，最实用的艺术是：推迟判断，不要过早地停止接受其他事物。

图 7.3　发散思维与聚合思维

55 Dt 设计思维

下面的“花式线条”贴切地展示了创意过程的混乱的特点。达米安·纽曼是美国高端设计公司艾迪欧的前任设计总监，如今是中央公司的创意负责人，他在斯坦福大学工程学院为研究生授课，是设计思维方面的研究专家。

达米安写道（2010）：“几年前，为了向客户表达设计过程，我画了一个简单的说明图。这幅图是为了体现我们正着手进行的设计过程的特点，但是，最终我们会关注某个明确的点。这幅解释图似乎奏效了。从此以后，我便经常用它来解释。”

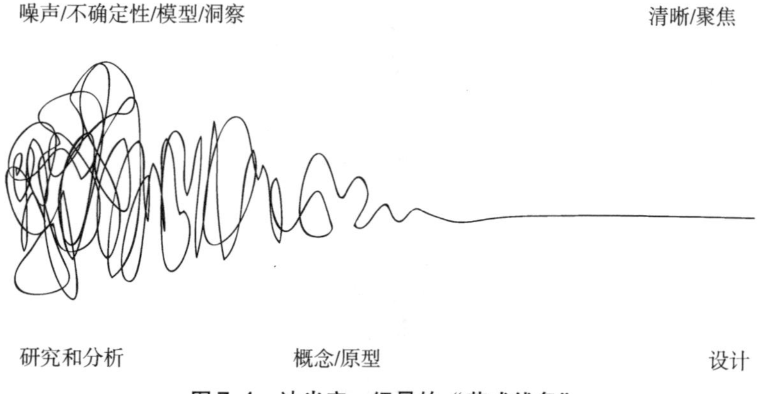

图 7.4　达米安·纽曼的“花式线条”

“在此之前的几年，我有幸在美国办公设备制造公司‘施乐’欧洲研究中心做一名图解员。我曾用漫画形式展示了研究人员正在调研的内容。我的父亲是这个科研项目的首席科学家，他告诉我：在科学家眼里，设计始于抽象，发展于概念，终于实物成品。所以，我经常使用这 3 个词向毫不知情的客户解释创意的过程。但这样做的效果并不好——尽管我知道其中的意思。于是我发现：瞧，看起来就像这样……然后就画出了这样的涂鸦。这种方法对当时的日本客户帮助很大，我们借此表达了人种学研究方法的不确定性。”

个案研究

像艾迪欧一样思考

国际设计公司艾迪欧的执行总裁蒂姆·布朗解释了自己的工作流程：“创意思维就是一种以人为本的创新方法——设计人员选出工具，把客户的需求、技术的可能性，以及对商业成功的需求结合起来。”

专家建议，采用设计思维解决任何问题，需要 5 个步骤：移情、定义、设想、原型和测试。

你是天生的设计大师吗？

按照布朗的观点，设计天才需要具备以下素质：

- 移情——“他们能够从多角度感知世界”，布朗在接受《哈佛商业评论》采访时如是说。伟大的设计师透过常人看不到的微小细节来观察世界。通过他人的视角，你才能更好地认识到人们对这个世界截然不同的看法。

- 乐观主义——布朗提到：“设计师认为，不论某个既定问题的约束性有多大，确定一种可能的解决方法至少比现有的多种选择要好得多。”

- 经验主义——“下一个伟大的点子并不是上一个的延

伸，”布朗表示，“而是一次飞跃。设计大师提出疑问并通过独创的方法探索事物的约束性。”

- 协作——布朗指出，当今的问题如此复杂，以至于单独某个天才观点不再能够真正解决问题。而艾迪欧公司不仅有工程师、市场营销人员，还有建筑师和心理学家。

平衡效率与试验

“六西格玛企业管理战略”①：利用统计分析法得到“明确的数据，以提高产品质量、降低成本、实现更高的效率”（辛多，2007）。像通用电气和3M公司这样的大型制造企业通常使用该战略来减少出错率。20世纪80年代，摩托罗拉率先提出“六西格玛企业管理战略”。如今，这一管理策略被广泛运用于全球各类企业，使得“绿带”级别的员工通过不断习得经验成长为“黑带”选手。

关于如何寻找效率和试验的平衡点，3M公司前任总裁乔治·巴克利表示：“你不能把六西格玛企业管理战略套用到某一领域，然后说，好吧，我马上就会有所创新了，于是打算周三想出来3个点子，周五想出2个。这并不是创意的产生方法。”（辛多，2007）前几章提到过：“尽管卓越的创意过程需要精确、一致和重复，但创新则需要多样性、失败和缘分。”（辛多，2007）

① 六西格玛企业管理战略：Six Sigma，一种以统计方法找出缺陷并改进绩效的企业管理战略。

基于对300万个俄罗斯专利进行的研究发现，“发明问题的解决理论”，也就是广泛流行的“TRIZ理论”——它假设你所遇到的问题已经在其他领域得到了解决——“侧重于研究问题和解决方法的类型，而非个人或团队自发产生的直觉”，而且“由于该理论利用结构和运算推理，具有可重复性、可预测性及可靠性”。该方法通过对比，把其他领域的解决方法转而应用于正面临的特定难题中。

56 Pb 57 Q 困难与疑问

不论选择何种方法，这些方法都体现出某些共性特点，就是确定问题，这或许要求率先提出问题。

“确定问题”是多数模式的共同特点，解决不同的问题需要不同的创意工具，详见第八章的创意工具。

美国中央情报局的问题解决大师强调了第一阶段“明确问题”的重要性：“分析人士认为至关重要的是想清楚问题所在，而不仅仅是对问题的陈述。尽管某些时候的分析看上去不成熟，但有必要把问题彻底地想清楚，你最想了解问题的哪些方面，一旦对问题有了初步了解，就能看清潜在的影响和后果。”（德雷尔，1993）

如果不能对当下问题有正确认识，那么，最终结果就会“把目的明确、针对性较强的研究变成散乱的猎枪收集活动，猎枪收集的特点是片面且低效”（中央情报局官网，2016）。

第八章的创意工具提供了解决方法，如何思考问题、提出疑问，以便建立一个良好的创意起点。

58 Br 简报

简报就是各种点子罗列出来的蓝图，它决定着最终创意的质量。这份蓝图必须包括观点的评价标准。因此，如果你负责写一份需要反馈的简报，务必率先说明你的评价标准是什么。如果你正在回应一份简报，务必确保你清楚地了解问题所在。

如果向别人展示自己的点子，务必确保简报撰写者和决策者也参与了报告会，否则，一开始你就会遇到矛盾点。我参加过一些讨论会，关键的决策层领导也参与了，但很显然他们没有撰写简报，所以，会议一开始他们就会痛苦地发现简报没有包括自己的标准。在这种情况下（遗憾的是，次数多得我都不敢数），合作肯定谈不成。

59 D 数据

> 数据与创意就像是广告中的蒙太奇手法和常用技巧，两者被看作对立面，然而，一旦把它们结合起来，就会激发出大量灵感，就像《罗密欧和朱丽叶》。
>
> ——谭启明，奥美广告公司全球创意总监

第一章提到，“猫鼬”（meerkat）和“市场”（market）两个词语的不同点击量如何激发了价格类比网站 comparethemarket. com 的诞生。在创意的前期准备阶段，有大量可以利用的数据，到了我所

总结的“侦查阶段”，数据和知识就会产生密切联系。

> 想象力和数学的结合极其重要……成为字谜大师是一件很伟大的事情，同样，能够画出精准的数学模型也十分可贵，但首先要有计算能力。
>
> ——萨拉·伍德

Unruly（不守规矩）是一家快速发展的科技公司，提供视频在线播放服务。这家公司的客户包括《纽约时报》和《邮报》，率先开拓了视频、社交和移动互联的新领域。在一次精彩的采访中，关于如何结合数据和创意，该公司的创始人兼首席运营官萨拉·伍德说道：“我们利用大数据来激发各种创意，所以，我们帮助企业创造出可供大规模分享、传播的可视化内容，以打响品牌知名度。”

创意测试

数据如何驱动创新

2013 年，作为联合利华“真实美丽”活动的一部分，“多芬美丽素描”活动通过利用联邦调查局的素描艺术，挑战了女性对个人外貌的看法，此次营销活动的在线观看人数达到了 1.35 亿次。奥美广告公司筹办了此次营销活动，公司提到“这次活动的创意来源于数据的搜集。联合利华调查了全球消费者对美丽的看法，发现仅有 4% 的女性认为自己漂亮”（谭启明，奥美广告公司全球创意总监，2014）。

然而，有些人无法接受利用数据的做法。意大利摄影师奥利维耶罗·托斯卡尼因其为服装品牌贝纳通拍摄了几则备受争议的广告而闻名，他指出："我们努力让广告个性化。如果进行调研，你得到的只是过去的结果。500 年前，如果航海家们做了研究，那么他们永远不会发现美洲，只会发现地球是平的。必须要有犯错的勇气。一切事物都关乎冲动、关乎勇气。这两种气质造就了今天的贝纳通。"（戈加茨、蒙德哈尔，2005）

数据往往是下一个元素——战略的关键因素。

60 S 战略

每个人至少都有一个计划，直到在实施过程中被别人狠狠地揍了一拳。

——麦克·泰森

"战略"一词带有威胁性和迷惑性，在此，我不可能对战略发展做出公正的评判。但关于这个主题，我最喜欢的一本书是劳伦斯·弗里德曼的《战略，一部历史》，他在书中写道："实施者拥有某种战略，表明他有能力把短期的、专注琐碎事物的视野转化为长期的、能看到关键因素并且强调因果的眼界；也不会只见树木不见森林。一旦没有战略，解决任何问题或是为任何目标努力，都会被看作是粗心大意。"（弗里德曼，2013）尽管"战略"一词已被滥用，但弗里德曼补充道："……在目标和能力的指导下，战略依然是表达提前采取行动的最佳词语。"（弗里德曼，

2013）

总之，面临复杂挑战，尽管人们很容易直接投入创意的生成过程，但往往没有进行严格的思考，也没有对当下的问题产生质疑。

61 H 直觉

在对策略和过程进行探讨的过程中，你是否能够接受直觉？这些直觉或许是关于某一问题最原始的想法、感觉或猜测（或更深层次的感性认识），直觉首先帮助人们解决困难。

人们或许认为科学与推理、证据和事实息息相关，然而，多数重大的科学发现源自于直觉。一项研究发现，83%的化学家公开表示“在解决某个重要问题时，科学启发或直觉大有帮助”（罗森堡、豪斯曼，1976）。

威比奖的创立者、电影制片人蒂芙尼·斯兰恩为美国在线拍摄了一系列关于技术、创意的精彩短片。其中，《未来从这里开始》的观看量达到了4000万次。斯兰恩表示：“所有项目都始于直觉，你必须根据直觉采取行动。这完全属于冒险，因为一旦你坚定信念，即使前面是断崖你也会跳下去的。”（斯兰恩，2013）

该元素强调了创意过程的神秘性。

下一个元素是孵化。

51 Ib 孵化

詹姆斯·韦伯·扬于1965年创作了《创意的生成》一书，

该书成为生成创意过程的经典参考书目。韦伯在书中将孵化解释为确定事实和搜集信息之后的“心理消化过程”。“要做的就是把搜集的不同材料片段集合起来，然后把它们看作是思维的延伸触角，去感受这些事物。比如，选出某一事实，用不同方法测试，从不同角度分析，进而感知它的意义。可以把两种事物结合在一起，看看两者是否匹配。”（詹姆斯·韦伯·扬，2003）

一些著名理论或“愉悦点子”产生于孵化阶段。古希腊物理学家阿基米德在踏入放满水的浴缸之时，恍然大悟，发现了浮力定律；法国数学家亨利·庞加莱（沃拉斯对其进行了研究）在坐公交的时候，想出了如何解决一个基础数学的难题；1865 年，弗里德里希·冯·凯库勒在壁炉边打瞌睡的时候，发现了挥发性轻质汽油（博登，2004）。

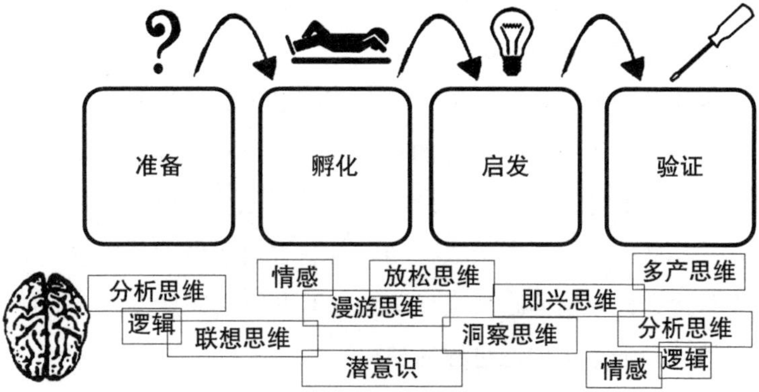

图 7.5　沃拉斯的创意过程模式

注：涵盖了第四章中介绍的与大脑相关的元素，表明了这些元素在哪些阶段对创意思维的影响最大。注意有些元素同时对几个阶段产生作用（马蒂诺格，2016）。

在第四章中，神经科学家本·马蒂诺格博士针对孵化过程中人脑灰色物质的具体活动提供了精彩的洞察分析。尽管自我意识的体验在感觉上占据主导地位且十分强大，但事实上，这种意识并非是大脑整体活动的核心。相反，这种意识发现自己处于边缘位置，于是疯狂地试图理解并影响着像超级计算机一样运行的潜意识（伊格曼，2011）。

下一个元素——启发，能够带来创意点。

52 Il 启发

亚瑟·库斯勒是分析 20 世纪诸多困境的重要评论员，他认为启发是“真理出现的时刻，某个新的见解突然冒出，是一种直觉行为。这些直觉带来了神奇的灵光乍现，或是快速的推理。事实上，这些直觉像是一条浸入式链条，只有起点和结尾能在意识层面感知到。在隐形关联的引导下，某一见解在链条一端消失，又从另一段显现”（博登，2004）。

克拉伦斯·伯宰（冷冻食品公司创始人）观察当地的爱斯基摩渔民在冰下捕鱼，看到渔民捕获的鱼几乎在第一时间就被冻住了，他由此想到了冷冻食物。这种观察力和随之而来的创新能力革新了他的商业理念。

但是，究竟是什么让一个想法变得精彩又富有创意，而非普通又平凡？在第一章“定义”里，我们已经探讨过新奇、价值和惊喜的概念，这些概念是较高级别的创意或创新的共同之处。

英国独立电视台的“肥皂剧之王”约翰·惠斯顿（《加冕街》和《埃默代尔》等电视剧的创意总监）在采访中提到：“对我来说，好点子就是用心。当你听到一个好点子的时候，会和听到一个高质量的笑话一样，达到同样的效果。好点子就在那儿。你得费力去找，因为它们或许违背伦理、与真理格格不入。说实话，我知道通过运用智慧和技巧，能够把某个好点子带进合理框架范围内，但更难（我认为不可能）的是推进一个普通的点子，大脑可能认同这个普通观点，认为可行或相关，某种条件下还有可能变伟大。在我看来，何种智力和技巧都无法让普通点子变得伟大。”

个案研究

时尚设计师马克·雅各布斯的伟大计划：创意乒乓球

马克·雅各布斯一直是路易威登品牌的创意之源，直到2013年，他离开路易威登开始创建自己的品牌。离职前他在一次采访中谈到了自己的设计方法：“改变是一件既伟大又可怕的事情。人们喜欢变化，同时又讨厌它。但是如果没有变化，你只会在原地打转。”

> 首先，要有点子，但是通往创意点的路并不十分清晰，通过不断地做、行动，尝试与再尝试，才会逐渐明朗起来。我真的相信，是过程而非最初的观点带来了最后的结果。
>
> ——雅各布斯

雅各布斯在路易威登担任创意总监期间，这个法国奢侈品牌的影响力日益增强（如今，其母公司路易威登集团的年收入高达200亿英镑），尽管该品牌并非每天都有新的创意突破。雅各布斯坦言："自己会有挫败感，有时会想，'哦，没有伟大的点子了'，但有时候一个小小的点子就能带来突破。"雅各布斯补充道，重要的是"走出去、了解其他事物"，创意环境——可以是电影、艺术或舞蹈——能够"培养你的创意灵感"。

关于在路易威登的日常创意工作，这位设计师描绘了一幅开放的、高度协作的"交叉授粉"图景，并称之为"来回推打的乒乓球"。雅各布斯表示："我们共同分享其他人的观点，一起从事所有工作。一双鞋的设计可以是一件裙子带来灵感，一件裙子又能激发一个包包的灵感，或反之亦然。我们会尽力做到最好，因为所有产品都有联系，每一种产品都要不断地被审视。"

点子必须不断地被检测和验证，以便确认它的新奇性、价值和惊喜程度。下一章创意工具箱将介绍评估。因此，当你有了伟大的想法时，该怎么办呢？请看本章最后一个元素"推介"。

62 Pt 推介

职业生涯中，难免会在某个正式场合表达自己的观点，或许是面试、演讲或新的商务推介活动。在这里不得不提温蒂·克拉克，她是恒美广告集团北美区总裁，也许你不知道这个公司的名字，但一定对这家公司的品牌广告耳熟能详，其中包括宜家家居、麦当劳、彩虹糖和零售商店约翰·刘易斯等。作为卓有成就的公共演说家，温蒂做过数百场演讲，讲述了她在可口可乐和美国电话电报公司 12 年的客户营销经验。针对如何劝说、影响受众，如何让他们接受你的观点，2016 年戛纳国际创意节上，温蒂在采访中提出 11 条建议：

（1）如果你在“推销”而非“伟大工作”上花费更多精力，请注意了。凡是伟大的事物，如正确的工作和解决方案，不需要投入巨大的精力来推销。

（2）了解手头的业务。有责任了解当前的业绩、期望的收益、商业挑战与机遇。无论怎样，如果不了解这个行业，你怎么可能拿出能够改变这一行业的创意方案？

（3）做好计划，时间就是一切。在自己能力范围内安排会议，而非分散注意力或挑战日程安排的极限，如季度收益报告。

（4）准备一个严格的、有说服力的理由。确保理由足够充分。同理，如果你不能用一种令人信服的表达方式来阐释你的观点、证明其合理性，那么你的听众怎么可能认识到这一点？

（5）现实一些。通常，出色的点子只是简单地通过时间、预算、法律法规等手段挑战了某些核心点。所有战略层面的点子都值得分享，但是如果某个突破性的神奇想法没有被他人接受，也不要气馁。

（6）保持激情。“我见过有些极具影响力的演说家，他们的激情让我不自觉地起立鼓掌。要想推销一个想法，你需要展示自己的信念。”温蒂说道。

（7）注意你的非语言表达，一切均可用于交流。包括演讲期间看手机、打开电脑上其他展示窗口，以及符合会议场景的着装。

（8）如果使用非语言表达，务必营造良好的视觉效果和利用支持材料。“我见过最好的创意演说者不需要实物效果，而是利用听众头脑中的想象力。”温蒂提到。

（9）排练，排练，排练。演讲者在表达的时候看上去毫不费力，但凡是优秀的演讲者事先都会努力排练。准备阶段要应对一切意外情况。千万不要在演讲过程中说："哦，我不知道下一张PPT是这个。"

（10）换位思考。温蒂认为，推销伟大创意之时，感同身受的能力或许是最有效的技巧。要让受众知道：你理解他们的处境、需求和挑战，你基于他们的情况提出了愉悦的、深思熟虑的或乐观的方案，这样，你便和听众建立起强有力的联系。

（11）坚韧不拔。"商业上，你必须相信'不'有可能会变成'是'。这次没有成功，那么，下一次如何改进才能让听众认可这个项目是正确的呢？你必须保持这个信念。"温蒂认为，要想保持毅力，必须接受自己内心的批评之声——自己头脑中的否定之声——通常被称作"骗子综合征"①。温蒂建议："必须让内心的魔鬼闭嘴！要相信自己做好了准备，不管怎样，一切都是为了成功。"

你的推介风格是什么？节目制作人、艺术家还是新手？

加利福尼亚大学组织行为学教授金伯莉·迪·艾尔斯巴赫与50位好莱坞高管进行合作，探究电影宣传《一路绿灯》的原因。成功营销的核心总是由故事的质量决定的吗？是否还涉及其他因素？

艾尔斯巴赫通过研究发现，接受游说的听众——"接球手"——倾向于同时对游说者的创意能力和提议表达进行评估。

① 骗子综合征：Impostor Syndrome，指一直无法相信个体成功是自身努力的结果，或不相信个体成功是自身努力或自身技能过硬的结果。

艾尔斯巴赫总结，演讲者快速给听众留下印象的关键在于：他们是否能够提出可行的方案，而且这种印象能够“快速让听众判断”这个方案有无价值。换句话说，演讲者不仅是在推销自己的方案，更是在推销他们自己（艾尔斯巴赫，2003）。

艾尔斯巴赫发现，“接球手”无意识地把成功的“投球手”归入以下 3 种类别：

- 节目制片人——流畅、专业；
- 艺术家——古怪类型，带有一点不加修饰的成分；
- 新手——他们正处于经验不足、略显天真的阶段。

艾尔斯巴赫总结，一个成功的“投球手”必须把自己打造成以上 3 种创意类型之一，并且是“可爱的合作者”，如此一来，决策者也会对这一方案产生好感（艾尔斯巴赫，2003）。

创意测试

为总结本章内容，以下是选自 CPS 创意过程的视觉测试，以探索自然发生的创意过程（伊萨克森等，2011）。

- 拿出一张大尺寸的白纸，越大越好，像画山水画一样把它铺开。
- 想象一下，你在现实生活的工作或娱乐中，遇到了一个难题，而且你成功解决了这个问题。
- 现在，拿一只漂亮的记号笔，花 5 ~ 10 分钟试着画出你的创意过程。这不是画画，只是捕捉你的思维过程。
- 对你的画进行思考。你画的是什么？是否涉及其他人，还是你一个人？你是直接找到答案还是退一步审视？你是否使用了术语、符号或图片？这些符号代表的是情感还是理性诉求？

● 你可以单独或者和小组一起进行这项练习——和小组成员的画进行对比，寻找共同点或不同之处，分享你的成果。你发现了什么？是否涉及本章介绍的创意元素，比如，孵化或验证阶段。你是否注意到自己倾向于在某个创意阶段花费更多精力？

本章回顾

● 你的工作流程是否与本章介绍的创意流程有类似点？如果你认同某个流程环节，是否对某个阶段有所侧重？

● 在潜意识里“酝酿”问题会让人产生懒惰的感觉。但并非如此。要留有孵化时间，这样最终结果会截然不同。

● 通过本章内容，你将会如何改进自己、团队或企业的创意过程？如果尚未形成创意流程，那么你认为一个标准的流程是否会让企业受益？

表 7.1 创意评估表

元素	关键问题	对自己或团队的创意过程进行评估。在哪些阶段有明显的优势？哪些阶段仍有发展空间
准备（Pp）	面对创意挑战时，你是否做好了充分准备	
孵化（Ib）	创意工作中，你是否会给予自己或团队进行孵化的时间	

（续表）

元素	关键问题	对自己或团队的创意过程进行评估。在哪些阶段有明显的优势？哪些阶段仍有发展空间
启发（Il）	一旦想出“快乐点子”，你是否能指出具体发生了什么	
发散思维（Dg）	你是否本能地偏爱这种不同的思维方式	
聚合思维（Ct）	你是否本能地喜欢这种与众不同的思维方式	
设计思维（Dt）	你是否会把这一过程运用到工作之中	
困难（Pb）	你认为你对当前的问题有多么清晰的认识	
疑问（Q）	在必要的问题上，你会投入多少思考时间	
简报（Br）	你会投入多少时间审阅创意简报	
数据（D）	信息搜集过程和你的知识程度之间是否存在差距	
战略（S）	你是否对自己的理解力和设计战略的能力有信心	
直觉（H）	预感／直觉在你的创意过程中扮演着什么角色	
推介（Pt）	你对自己推销观点的能力是否有信心	

本章小结

人人都有自发的创意过程。几个世纪以来，研究人员一致试图理解并确认人脑的灰色物质究竟如何运转，以便为创意思维增添结构和规律。神经科学方面的研究进展揭示了人脑在不同的创意阶段的活动，但至今大脑活动仍是创意的一大未解之谜。已知的是，如果单纯依靠自己的思想，那么需要很长时间才能想出创意。尽可能理解自己的创意过程，添加必要的结构、思考你的解决方法。这不仅有助于个人创意，更对团队和企业创意至关重要。

第八章　创意工具

克服空白状态

在一项全球研究中，40% 的受访者表示拥有创意工具十分重要，并且“1/3 的受访者表示自己需要接受创意工具的使用培训”（奥多比公司，2012）。创意的空白状态往往令人沮丧。我在公关领域有着近 20 年的工作经验，但在前 15 年里，我并没有把学习创意技巧列入日常议程中——尽管创意是企业的命脉。担任创意总监时，我才发现需要更多的储备，所以，为了能够条理清晰地解决问题，我自学了大量创意技巧。

本章内容具有实用性，是一条通往众多创意技巧的捷径。选择合适的创意工具既是一门艺术又是一门手艺，尤其是帮助别人解决问题的时候。以下是我个人多年以来通过不断试验和失败总结的“转向”选择法。我还增加了相关的研究成果来说明创意工具的有效性。读者会注意到，作为创意过程的一部分，许多研究在前面的章节已经提到过——包括创意解决方案、设计思维和自身适应能力在内的创意方法集锦。

本章内容和前面章节稍有不同。本章不涉及新元素，因为创意工具建立在前面章节已经介绍的各个元素之上，比如，介绍神经科学章节提到的“过程”或“情感”元素，推出了“聚合思维”与“发散思维”。

根据任务的不同，创意工具被分为三大部分：发现问题、发现创意及解决问题。每一个工具都有困难指数，从初级“新手”到高级“忍者”。这同多年的经验一样，培养的是一种心态。

本章将要介绍的创意工具可以用于解决各种问题——从“我立马需要一个简单的创意”到“我该如何解决更复杂的创意挑战”。

深入探讨之前，首先需要考虑哪种工具最适合解决当前的挑战：

- 你处于创意过程的哪个阶段？
- 你是否需要发散或聚合思维？
- 你想用分析思维还是依靠直觉的思维方式（创意思维章节介绍了不同思维方式的特点）？
- 你有多少时间来进行准备、提出观点和评估判断？
- 你的工具是倾向于内向型还是外向型？
- 你如何衡量个人偏好和企业需求之间的关系？
- 在利用工具、组织研讨会方面，你的专业程度如何？
- 你将在什么样的物理环境中工作？
- 你企业的规模有多大？

当需要创意的时候，多数企业都有默认设置，第一个工具就是头脑风暴。

头脑风暴是什么？本书重点介绍了CPS创意解决方案的创立者、头脑风暴之父兼真实生活中的“疯子”——亚历克斯·奥斯本，他对企业的影响巨大。奥斯本规范了头脑风暴的流程，即现在广为人知的流程，直到今天它仍是多数企业的默认流程之一。

怎么做？我组织过（也参加过）上百次头脑风暴，取得过大大小小的成功经验，我从中总结出的经验就是没有万无一失的头脑风暴。

我们知道，一次生机勃勃且成功的讨论会所带来的那种兴奋，与之相反，无效的会议往往令参与者失望（和焦虑）。

研究表明，除非经过合理的策划和安排，否则头脑风暴只会浪费时间。浩腾媒体策划部前任创意解决方案总监、创意培训师阿娜希塔·米利根如此描述最糟糕的头脑风暴："未经训练的人领导一群不情愿的员工，做着不必要的事情。"（米利根，2016）

研讨会上被询问次数最多的问题是：最理想的讨论会参与人数是多少。这个问题很难回答，因为存在如此多的变量——我们成功举办过 150 人的讨论会，也举办过仅有 5 人但最终无效的头脑风暴。阿娜希塔表示："会议时长"是一个重要的衡量因素。如果有 10 个人参加 1 小时的讨论会，你必须选择"大声喊出你的观点"的开会策略（我们不提倡这种方法），那么，在绝对顺利的情况下，每个人有 6 分钟的表达时间。然而，每个人的性格并不相同！一切都应该在计划、练习和便利之中进行。

为何有效（或无效）？正如上文提到的，像皮克斯一样具有较高创意输出的公司发挥了协作的优势。那么，标准的企业头脑风暴有哪些优势和劣势？是否有其他选择呢？

下文介绍的所有工具有助于企业或个人产生创意。前提是，在创意产生过程中，你能够完成 CPS 创意解决方案的各个步骤，包括认识客体、了解事实和搜集数据，而且在使用工具的时候，你能提供相关信息。

表 8.1 头脑风暴的优势与劣势

优势	劣势	尝试下列方法
可驾驭思维的多样性	可导致心理学家所指的“群体思维”，即群体为避免分歧追求一致性与和谐，淡化了观点；可导致“社会惰化效应”，参与者付出更少努力，或在群体环境中选择退出	配对分组进行创意，然后把各组带入到更大团队中讨论创意
对外向者有益	对于内向者来说更为困难，除非有良好的流程	进行一次“无声”的头脑风暴（按上文的选择分配个人练习），讨论期间留出安静思考的时间；或者让参与者提前进行思考，然后在头脑风暴中陈述观点
个人的点子可以获得他人的支持和补充	如果管理不足，可能打击个人的自信心	培养员工的管理技能以规范流程；采用艾迪欧公司的规章制度
可快速提出创意点，并且在短时间内完成	没有时间进行关键的孵化环节	提前陈述你的问题，或者前一天进行简单汇报，然后第二天清晨重新组织
可提出大量观点	会后会留下大量未进行分类、评估的演示稿纸，而且最后会遗失	确保讨论会有明确流程，允许在关键环节进行评估；利用科技手段进行搜集和分享信息
在办公室召集员工，时间上高效而且零成本	有些办公环境相对压抑、单调乏味	走出办公室，进行一场创意之旅

发现问题工具

多个精彩的提问往往能带来一个精彩的回答。

——美国诗人爱德华·埃斯特林·卡明斯

伟大创意的核心包含着伟大的疑问。提问的艺术往往是发散思维与聚合思维进行了一场乒乓球活动。开始尝试和提出观点之前，你要打开思绪、探索多种选择，然后准备好疑问或问题陈述。在关注最有潜力的创意点之前，你可能会产生大量的疑问。

错误的疑问会带你走进死胡同，不仅浪费时间而且混淆视听。商业简报中往往充斥着大量营销术语，用广告元老级人物兼营销专家杰瑞米·布摩尔（2004）的话说，这一做法“扼杀了思想、消灭了猜疑、麻醉了人们的想象力”。

图 8.1 发现问题

发现问题工具 1：提出有效的问题陈述（伊萨克森等，2011）

是什么？CPS 创意解决方案帮助提出有效的问题陈述以便拓

展思维。我发现，有时讨论会组织者的经验不足，头脑风暴的主题并非某个问题，而是某个目标的陈述，比如，用世界杯做噱头，或者如何在脸书上吸引更多“赞”。下面的工具有助于克服这一点。

如何做？按照以下格式写出潜在问题的陈述，可通过分析洞察或数据获得信息。

一看到最初的问题就记录下来。以下就是我每天坐火车通勤的时候，看到关于挑战的实际案例。面对的问题就是：人们经常在坐火车时睡着，而不能向检票员出示车票。如何让睡着的乘客出示车票呢？

（1）从收到邀请开始——这是一种提问方式，可以“打开或邀请多种可能性及回复”。开场白有以下三种建议：

- 如何做……
- 可能会……
- 可用哪种方式……

（2）明确负责人——可以是项目或企业的某一位负责人，比如，机车公司如何与团队沟通，机车公司员工可能使用哪些方法，机车公司可能采取哪些安保措施，如何鼓励乘客进行……

通过明确责权关系，你提出了若干选择。你可以选择不同的负责人，通过其性别、出生地、年龄等特征来寻找不同的（发散式的）解决途径。

（3）使用动词——“确定一个问题陈述中可能用到的某个特定的、积极的动词”（伊萨克斯等，2011）。

例如，“机车警卫人员应该如何强制/鼓励/诱导/激励/避免/奖励/说服……”。

（4）形容词——“为解决问题，确定目标、期望的结果及方向”（伊萨克斯等，2011）。

- 机车警卫人员该如何奖励出示车票的乘客，以避免检票时遇到的尴尬场面？
- 机车设计团队应该如何设计车票，才能让乘客真正想展示出来呢？
- 如何劝说列车上的女性乘客睡觉时把车票放在外面，以免检票时被吵醒？
- 当你和克莱尔一起坐在清晨 6：05 开往伦敦滑铁卢的火车上，在没有任何提示的情况下，你如何说服她出示车票？

改变负责人、动词和形容词（特定的或者普遍的）能带来不同的选择和截然不同的解决途径。

确定“中心问题”

可以自我反问：在所有的选择中，是否存在一个“中心问题”？一个需要优先考虑的问题，能够带来清晰的解决思路。

为了谁：任何处于创意初期的人。

好处：保证问题的正确性。如果你很难想出创意点，它能确保你所提出的问题有清晰的结构。

不利之处：一个结构清晰的问题绝对不会否定你为该创意所做的努力。

经验要求：创意新手。

发现问题工具 2：使用移情图

移情图是什么？这是一种被广泛使用的、源自设计思维和用户体验（UX）的创意工具。它能根据当前的问题或挑战，探索目标受众的想法、感觉，确定你能够在哪些地方产生影响。

如何做：在进行创意讨论会之前，最好更进一步了解消费者或顾客的需求。把一张纸按十字形折叠、简单地分成4份。

在4个象限中分别写上："说、做、思考、感受"。用一小段时间思考消费者或顾客的想法，然后记录到每个象限里。

- 在"说"的象限里，写上一些引言或关于消费者的定义性词语（比如"自信"）。
- 在"做"的象限里，记录你最终想让顾客做出哪些行为，或者他们现在在做什么。
- 在"思考"的象限里，记录潜在客户的思想，他们的基本信念是什么。
- 在"感受"的象限里，记录顾客面对你的问题可能产生哪些情绪，你想让他们产生哪些想法。

下一步需要思考的问题是：目标受众的"痛点"是什么——他们是否对你的项目、产品或所在领域感到厌烦、愤慨或是沮丧？考虑这些痛点是为了获得"收益"——你的产品、服务或创意对此有哪些帮助？

为何有效：这是根据顾客的真实需求，进行换位思考和深入理解消费者之后，推出的产品或服务。这种方法非常简单，首先了解消费者的需求，然后根据真实需求设计产品。

为了谁：为激发创意或改进已有观点，团队或个人努力寻找一个切入点。我们最喜欢的方式之一就是设计营销策略。

好处：通过洞察目标受众的心理，利用大量不同的客户数据，寻找情感触点或真正的需求。这一步骤可以单独操作或团队共同完成。

不利之处：快速产生点子（除非在讨论会之前提出）。需要处理大量数据。

经验要求：中量级创意者。

发现问题工具 3："一个词"

"一个词"是什么？把你的问题或挑战浓缩为一个词。

杰瑞米·布摩尔（2004）在上文中提到："想象力需要他人参与、感到愉悦并成为同谋。"这个词并不像"销售"或"意识"那样无处不在。但"欲望"或"吸睛"这样的词汇也开始带来创意成果。

怎么做？检查你的问题陈述。

- 看看能否精简为一个词。需要一个有趣的词，像我提到的"多汁"，把这个词挑出来，然后细细把玩。
- 这个词是否触及问题的核心？
- 要求团队成员在头脑风暴或讨论会之前做这项练习。审阅搜集到的词语。令人惊讶的是，往往能看到 6 人小组提交了 6 个截然不同的词语/主题。
- 如果你正与第三方合作，当你进入这一领域之前，请求第三方进行同样的练习或和他们一起进行检查。

为何有效：这一做法和问题陈述的目的一样，为了让你更容易探索"相关世界"（参见下列工具），找到其他人——其他品牌、个人或机构如何处理此类问题。这一练习注重思考，确保目标的正确性或强调企业的偏离之处。

为了谁：任何想要清楚认识既定主题的人。

好处：获得新的视角、推进策略、明确侧重点和创意方向。

不利之处：快速产生创意点。

经验要求：中量级创意者（新手需要练习）。

注意：我还没有找到这一技巧的出处。经过多年的工作经验，我已习惯了这种方法。

实践的极简性

“萨奇兄弟”是英国广告行业众所周知的名字。他们创立的萨奇公司把“残酷极简思维”这一哲学理念运用到每一次创意之中。创始人查理斯·萨奇解释：“这一理念表达了我们对华夫饼和模糊性的厌恶，体现出强烈的偏好倾向……要把精华的小麦和谷壳区别开……微妙的技术带来了极简主义。这是目标，不是起点。如今，这种情况比以往任何时候都要普遍，因为人们更忙了，精确是现代人的一种礼貌方式。”（英国《卫报》，2010）

如果通过移情图或分析数据总结出某个词，你会找到这个词出自哪项研究。因此，你最想让受众产生的情感可以用“幸福”来概括，或者，如果针对某个问题，这个词可能与“便利”有关。面对挑战使用内部通信津贴，这一问题可总结为“恐惧”或“冷漠”。价格类比网站的“猫鼬”营销活动可总结为“爱”。

从2009年到2015年，可口可乐公司的营销策略就是“幸福”，也是所有创意工作的衡量标准，就像“幸福贩卖机”给消费者送去温暖的拥抱。“便利”是多米诺公司的创意起点，公司在推特网上发布了比萨订购系统表情，获得了2015年戛纳国际创意节综合类全场大奖。试一试吧！

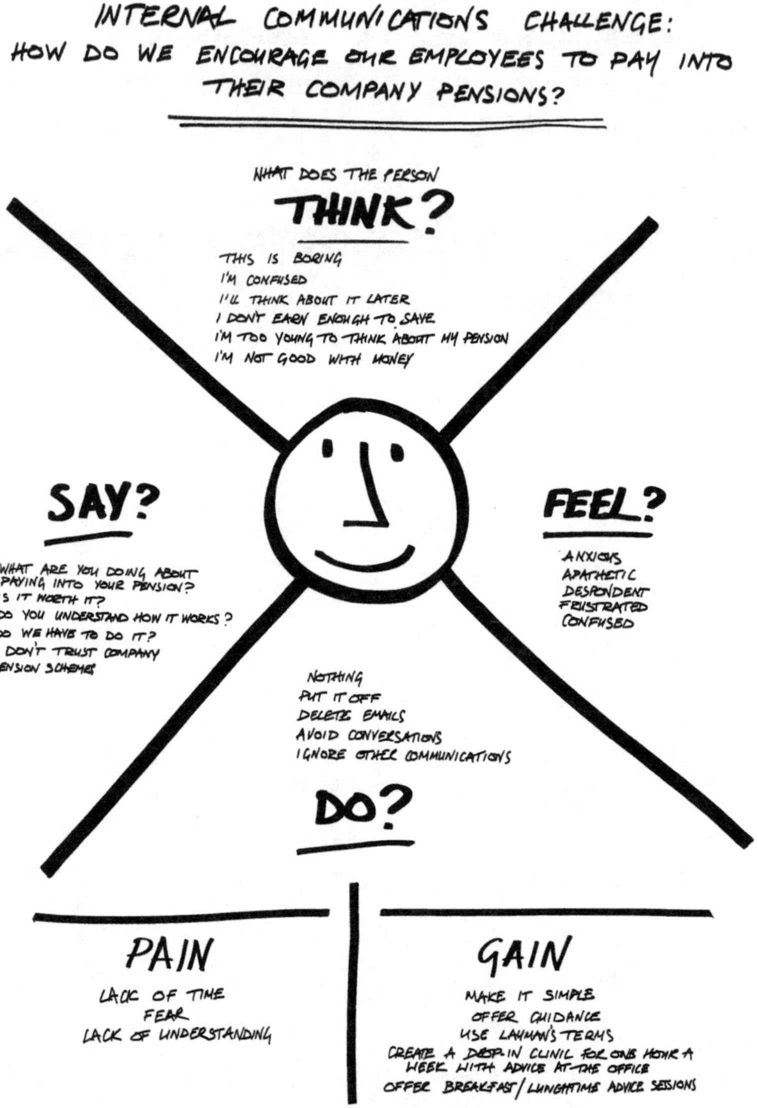
INTERNAL COMMUNICATIONS CHALLENGE:
HOW DO WE ENCOURAGE OUR EMPLOYEES TO PAY INTO THEIR COMPANY PENSIONS?
WHAT DOES THE PERSON
THINK?
THIS IS BORING
I'M CONFUSED
I'LL THINK ABOUT IT LATER
I DON'T EARN ENOUGH TO SAVE
I'M TOO YOUNG TO THINK ABOUT MY PENSION
I'M NOT GOOD WITH MONEY
SAY?
WHAT ARE YOU DOING ABOUT PAYING INTO YOUR PENSION?
IS IT WORTH IT?
DO YOU UNDERSTAND HOW IT WORKS?
DO WE HAVE TO DO IT?
I DON'T TRUST COMPANY PENSION SCHEMES
FEEL?
ANXIOUS
APATHETIC
DESPONDENT
FRUSTRATED
CONFUSED
NOTHING
PUT IT OFF
DELETE EMAILS
AVOID CONVERSATIONS
IGNORE OTHER COMMUNICATIONS
DO?
PAIN
LACK OF TIME
FEAR
LACK OF UNDERSTANDING
GAIN
MAKE IT SIMPLE
OFFER GUIDANCE
USE LAYMAN'S TERMS
CREATE A DROP-IN CLINIC FOR ONE HOUR A WEEK WITH ADVICE AT THE OFFICE
OFFER BREAKFAST/LUNCHTIME ADVICE SESSIONS

图 8. 2　用户移情图案例

下面是从真实简报中选取的创意点，并且被提炼成一个词的问题陈述。

（1）消费品牌问题陈述：我们如何把营销变成与消费者的平等对话，而非单向的信息流动？

- 提炼为一个词：互惠。
- 以此引出了创意点：双方如何给予和接受，而不是命令消费者提供我们所需要的，比如：忠实度营销、个性化产品、随意而为的善举、利用票务奖励和鼓励顾客参与、博客上发布消费者观点、留出时间做公益广告、物物交换商店、“随意发问”节目等。

（2）B2B商业问题陈述：如何才能把已经丢失的顾客拉回来？

讨论中出现的词语有：关联、价格、遗忘、惰性、过时、振兴、爱、无知、规模和信任。我们把所面对的挑战总结成一个词：爱。于是，问题就简化为——如何再次点燃消费者的爱？

这一问题带来了一些创意点，这些点子的侧重点是企业通过巨大的努力来重新吸引消费者，就好像企业和顾客已经处在一起或曾处于恋爱的早期阶段！我们从品牌和消费者的角度出发，设想这样一个约会式广告会表达哪些内容。两者有何共同之处？应该营造哪一种情感？我们从截然不同的角度考虑当前的挑战，由此引出了全新的起点。

发现点子工具

创意点就像兔子。你捕捉到两个并成功驯服之后，很快就会出现一堆。

——约翰·斯坦贝克

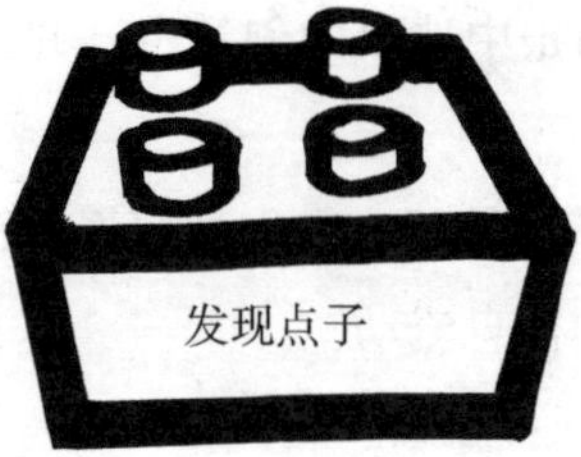

图 8.3　发现点子工具

许多创意技巧使用替代原则来获得新视角、激发新思路。在以下案例中，通过把自己当前的思维转换为他人思维的方式，往往能得到不同的、令人惊讶的结果。

发现点子工具 1：身份盗用

身份盗用是什么？当你撞上一堵墙，最好的突破方式就是：想象别人如何处理这种情况，以获得一种全新视角，并带来新启发。

怎么做？

- 按字母表顺序写下字母 A 到 Z，让讨论会参与者大声喊出他们想要邀请参加晚宴的人名——不论是活着的还是逝去的，幻想的还是真实的。
- 你的名单没有限制，但是我们最喜欢列出一群富有创意的人名，比如奥巴马、霍比特人和嘎嘎小姐[①]。相信这些人能够为停滞不前的商业营销、唱片推广和新闻发布带来全新的创意视角。

---

① 嘎嘎小姐：Lady Gaga，1986 年出生于美国纽约曼哈顿，美籍意大利后裔，美国流行女歌手、词曲创作者、慈善家、演员。

• 与团队成员分享你整理好的问题陈述。例如，如何改善客户的服务？从名单中选出一位，比如嘎嘎小姐，反问自己：如果你是她，会如何解决这个问题？

把你头脑中的想法全部记录下来（这一阶段，不要担心选择的人物是否和问题直接相关），试着用你自己或团队的观点来激发更多的创意和思路。

• 选出最具发展潜力的观点，然后关于这个主题进行 5 ~ 10 分钟的头脑风暴。继续推进小组工作，当你没有动力的时候，从小组中选出另一位顾问。这是保证工具有效性的一种方法——不要过度思考，当才思枯竭之时，试着改变即可。

可以分成更小的团队，每个人挑选不同性格的队员组队，针对挑战进行 10 分钟的思考，然后向团队汇报进展。

变体

不同的企业带给你不同的视角。迪士尼、维京唱片或苹果公司会怎么做？或者，想象客户或某个人物会如何解决你所面临的问题。

为何有效：我们常说“只见树木，不见森林”。凯尔·埃米赫和埃文·波尔曼进行的 4 项研究均表明：与问题保持距离有助于观点的产生。我的个人经验就是：尽快走出单向的思维方式，轻松采用其他视角。这有助于远离“愚蠢”或疯狂的想法，因为克米特或特朗普才有这类想法，而你不会。

为了谁：该技巧属于入门级且广受欢迎。它有助于解决简单的问题，几乎不需要团队进行提前准备。这种方法看似简单，但对创意的产生能够带来惊人的效果。该创意工具适用于个人、2 人小组或小型（约 5 人）团队。

好处：该方法效果快、有趣，能够带来大量风格各异的点子，能够带你打破常规。

不利之处：打造策略或解决复杂的问题需要许多环节。如果想让目标的针对性更强，比如，如何让网上银行的用户产生信任感，那么，你需要从另一个看重信任的相关领域里“借鉴”经验。

经验要求：创意新手。

在线平台 Kapow！当“神奇女侠”遇见银行

要想换位思考，一个十分有效的方式就是利用超级英雄。我曾和银行客户一起合作，想从新角度解决问题。于是，我们想象“神奇女侠”会如何解决这个难题。对于银行这样的传统企业来说，这样做似乎不可能产生任何可行的想法，但是，我们列出了神奇女侠的所有特点：漫画、变形、隐秘身份、力量、戏服和永生。而她的武器——真言套索，任何被捆住的人都无法说谎。

我们以“真言套索”为切入点进行思考：如果银行必须和顾客说实话会产生什么后果？银行的行为和沟通方式会有哪些变化？如果顾客提出各种难题而银行必须实话实说，这意味着什么？我们从这些想法入手，探讨如何提升银行与顾客之间的透明度和真实性，并向银行提出改进策略。

提示：尤其是在相对保守的环境下，不一定必须公开点子的来源，我们只是借助其他观点来发散思维。

发现点子工具 2：关联世界

关联世界是什么？该技巧假设你所面临的问题（或相关问题）在世界其他地方已经出现过，并且被解决了。你可以对相似但不同的地方进行头脑风暴以收获新点子。

怎么做？

• 反问自己，要解决的问题究竟是什么？例如，回到上文的B2B 商务问题陈述：如何把已经失去的顾客再次吸引回来？

• 如果再次声明，如何激发起消费者对产品和品牌服务的消费欲？

• 试问自己，世界上其他地方是否有企业或个人已经解决了这个挑战（或相关困难）？

• 谁擅长激发欲望？

• 苹果公司、香奈儿或奔驰公司会怎么做？选择其一，比如香奈儿公司，然后探索该品牌的哪些经验可以“借用”到当下的项目中。

• 所以，香奈儿公司拥有精美的包装，产品价格昂贵，品类小众、奢华、限量，有预约名单，每年举办 2 次走秀活动，通过香水这种“廉价”商品来制造连接点。

• 是否能把以上做法运用于你的工作领域？可以进行如下思考：

我们能否推出一种限量版产品？

我们可以进行哪种营销以实现类似走秀的效果？如何用不同的方式展示我们的产品或服务？

或许可以推出只有被邀请者才能参加的晚宴，顾客可以通过网络观看，有机会了解产品的先进性——通过技术或实践了解品牌的发展方向。可以在与众不同的场合举办活动（比如香奈儿公司在超市举办的走秀）。

香奈儿公司每年举办两次走秀——你如何在不同季度与消费

者进行沟通？香奈儿公司的做法是打造绚丽的视觉效果，并且在 Instagram 上发布话题。

香奈儿公司的合作伙伴包括名人和企业，比如音乐家法瑞尔·威廉姆斯和快消服装品牌 H&M。你想与哪些人合作来吸引更多的消费者？

为何有效：该工具使用对比分析法，帮助你从当前问题中跳出来，以便找到新的解决途径。

可利用的词语：政治、运动、自然、电影、食物、其他国家、其他文化、历史。

好处：通过借鉴其他领域的成功经验来减轻风险。当你不断在特定环境处理某个问题，就会跳出窠臼。

不利之处：想出点子的速度过于惊人。

经验要求：中量级创意者。

个案研究

类似于“关灯一小时”的活动是什么？

人们普遍认为，全新的创意点才能带来激进的改变，然而，如果现有观点能够合理地运用到不同环境中，也能带来突破性改变。“英国国家医疗服务制度改变日”证明了，两个相关的词语如何在另一领域激发出能够改变游戏规则的创意。

英国国家医疗服务制度改革从马歇尔·冈茨的赋权社会运动（奥巴马在总统竞选中运用了该运动）和“地球一小时”话题活动中获得启发。后者是世界野生动物基金会为鼓励人类爱护地球而成功组织的关灯一小时倡议活动。

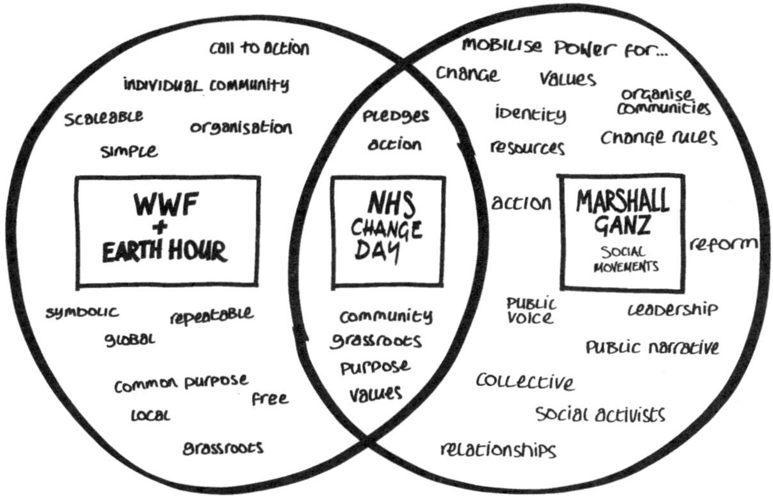

图 8.4　“关联世界”方法

发现点子工具 3：随机刺激

随机刺激是什么？任何事物都可用于激发创意点或建立连接，普遍的物体、图像和文字都可以。

怎么做？

- 像喜鹊一样，搜集周末的短时效物品：票根、松果、菜单、明信片或者一张自己拍的照片。
- 不论你的办公环境如何，把这些物品放到盒子里，当你进行头脑风暴时，可以拿出来看一看。或者，从中挑出一个带到研讨会上。

• 要么让别人随机选出一样物品，要么把这些物品放在托盘上，让同事自行选择。随机使用引语来诱导提问，比如，这个物品像……（你正在研究的某个领域）因为……这件物品对我们的项目有何帮助？

• 如果有人一时语塞，继续问下一个，最后返回再问。提醒同事：头脑中第一个想法足够优秀！持续询问下去，直到你找到了新的解决途径。

你还可以让参与者说出物品的属性。比如你有一朵玫瑰，你可以举出以下属性来激发创意点。

表 8.2　如何利用随机刺激物来激发新点子

物品属性，比如一朵玫瑰	为我的难题出点子：如何鼓励更多的顾客前往本地的比萨店
善良	每月有一个“善行日”，比如，为某桌顾客免单、送去惊喜，或者在那一天供应免费饮料、甜点或者素食
礼物	为双人晚餐或酒水消费提供贺卡
嗅觉	关注不同的感官——关注气味，让顾客蒙上眼睛品尝一道菜。提供侧重某个感官的菜单，激发消费者的视觉、嗅觉或其他感觉
只有一周	提供短时服务。比如，推出仅一周时间的意大利比萨节，开展比萨课程、展会、品尝会或相关活动
爱	谁真正爱比萨？为注册会员或比萨粉丝创建俱乐部，给予他们特殊服务，比如写好评赢赠品的一次性晚餐俱乐部
刺	有无尚未解决的棘手问题？是否有遗漏

为何有效：史蒂夫·乔布斯说：创意就是“把事物联系起来”（1996）。如果你同意这个观点，那么，你需要找到足够多的

事物来进行联系！做法很简单——随机思考某个你无法预测的事物，然后进行意想不到的、不合常规的联系，也可利用隐喻和潜意识来自动联系事物。

随机利用刺激——真实案例

我最细化的案例之一就是：30年前，在还没有鳄梨关联理论的时候，先驱食品公司普雷特（创立于1986年）掀起了商业街午餐行业的改革，该公司正式通过随机刺激带来创新。为鼓励员工从不同角度解决问题和挑战，普雷特学院把随机刺激物作为其培训课程的一部分，员工对随机刺激技巧驾轻就熟。

图8.5　食品公司普雷特的“普雷特之乐趣”源自随机启发的点子

> 普雷特的企业价值之一就是通过善行驱动产品服务，打造快乐的团队和消费者。为了在分店推行这一理念，比如，为老顾客或大客户提供免费咖啡，企业为这一营销活动的命名进行头脑风暴，最终一个看似不可能的随机刺激带来了创意。埃里克斯的著作《性之乐趣》最先让创意团队会心一笑，但是，随着讨论的深入，“普雷特之乐趣”变成了首选。这一案例很好地说明了创意团队的玩乐心理和试验型观点如何带来实用的商业创意。

变体：故意刺激

为你的商业挑战或面临的问题寻找一种刺激元素。某地方政府曾邀请我策划一场年度冬季道路安全教育活动。策划团队的看法是每年都在进行重复的活动，因此需要一些新点子。由于该政府部门常年与高层领导合作，因此策划团队从未想过利用随机的且被认为是不可靠的刺激因素。于是，我们决定使用一组与冬季相关的图片，从打雪仗到车祸后结冰路面留下的痕迹，作为活动的刺激因素。这种做法帮助策划团队从新的视角去策划活动。我常常使用某些网站的商业数据，把看似无关的新信息结合起来以激发商业创意。

这种技巧最常见的形式就是随机组合词语。

好处：让你的大脑活跃并高速运转起来，产生大量不同的点子，帮你打破常规。这不仅有趣，对现有的点子或产品也有所益处。该方法可独自操作。

不利之处：未经解释说明的情况下，设计解决方案；企业氛围十分严肃；不适用于逻辑性较强的员工。

经验要求：创意新手。

发现点子工具4：打破玻璃以防紧急情况

想要迅速走出创意困境，思考以下9个启发式问题：

- 你已经想到的点子是什么？
- 哪些有趣的事值得去做？
- 最简单的事情是什么？
- 最快的东西是什么？
- 最勇敢的东西是什么？
- 最具煽动性的事物是什么（邦吉·斯坦尼尔，2010）？
- 最违背常理的事物是什么？
- 你的对手会做什么？绝不可能做什么？
- 你会因为什么而被解雇？

> 人们可能不记得你说了什么，但一定会记得你带给他们的感觉。
>
> ——卡尔·W·布纳

从“情感”视角看待挑战会激发创意的多样性，这也是我最喜欢的解决问题的方法之一。

试想你最后一次与人沟通，最后一次经历或分享文件，或者是向别人讲述某个产品的故事。你为何要分享？是否因为这件事情激起了你的情感？

在线互联网内容筛选收集工具Buzzsumo的内容分析师对某段

时期内分享次数最多的前 1 万篇文章进行了对应的情感分析。分享次数最多的情感有敬佩（25%）、大笑（17%）、娱乐（15%）和愉悦（14%）；分享次数最少的情感有愤怒（6%）、同情（6%）、震惊（2%）及悲伤（1%）（奥多克，2014）。通过情感这种有趣的“视觉”可以激发出新的创意点。

发现点子工具 5：源自新情感，好运（“吃大鱼”网站，2010）

“源自新情感”是什么？可交替利用不同的情感来激发创意。这是一种基于人类行为、能带来多种选择的简单而有效的方法。

怎么做？

- 思考你目前正在进行的工作，需要提供创意的项目，或是你已经想到的点子。近期它是否唤起了某种情感？哪种情感？
- 这种情感与你所期待的、当目标群体想到公司产品/服务时所产生的情感是否相同？
- 可以用另一种更内敛的情绪代替前一种，以促进新点子的产生。我是在“吃大鱼”网站第一次见到这种思维方法，随后的几年里，我多次利用这种方法进行创意项目。
- “吃大鱼”网站（2010）的经验是：人们希望找到“一种真正能够令人感到惊喜、受挫或挑衅的情感……如果这种情感被强行植入你的内心，支配你的一切行为，你会产生哪些不一样的举动”。
- 思考下列哪种情感能够激发受众的创意能力：幸福、欢乐、愉悦、好奇、欲望、恐惧、生气、惊奇。

反问自己：

- 如何激发出某种能够改变消费者产品/服务体验的情感？
- 将这种情感作为新产品/服务的主线意味着什么？
- 这种情感是否适用于新场合，能否带来推广机遇，是否有助于建立新的品牌合作关系？

为何有效：通常，人们会从产品/服务或公司的角度而非终端用户的角度思考问题。其实，我们还需要遵守某些情感规则。这种说法可能不免于“俗套”，比如第一章介绍的喜力啤酒公司的“创意之梯”。思考上文提到的银行业——银行想要灌输给用户的是信任感，但这个行业更典型的特征是担心、疑虑和不信任。英国电话银行“第一直通”通过幽默、古怪的特点打破了银行业的传统规则，完全改变了该领域的工作方式。

为了谁：任何想要利用一系列情感刺激来改进品牌营销的人。

变体

在网上搜索情绪轮，下载打印，然后将其折叠起来，作为你的情感素材库。

好处：战略性地思考新点子、产品或服务。

不利之处：新手或经验不足的团队需要通过练习才能熟练运用情感元素，要敢于尝试、坚持练习！

经验要求：中量级创意者。

另一种利用情感的方法来自约拿·伯格的著作《事物为何传染》(2013)。伯格分析了几千篇来自《纽约时报》的文章，记录了为什么有些观点会“传染”而有些不会。

发现创意工具 6：探寻情感核心（伯格，2013）

探寻情感核心是什么？伯格的研究解释了所谓的企业“情感核心”如何与目标群体建立联系。

怎么做：伯格写道，“如果很难找到情感核心，试问以下 3 个为什么”。

- 首先，人们为什么要使用你的产品/创意？
- 其次，人们如何需要它？
- 最后，人们为何想要/需要它？

列出 3 种已有的或崭新的、能够让受众谈论企业产品或你的创意的方法。

为何有效：伯格研究发现，情感是内容传播的关键。他提到：“人们在乎之时，就会分享。像兴奋、愤怒和惊恐之类的高昂情绪往往能点燃受众的热情。反过来，这种情绪激发人们的分享行为。”第四章中，国际认证协会（IPA）的研究证明了：情感诉求信息的传播效果要比理性讯息强大得多。

为了谁：适合个人或团队工作。团队中，思考并对比两种不同情感，在讨论会上进行探讨。

好处：营造共享内容的氛围。思考目前什么能够打动目标受众，以及如何利用受众的情感激发他们采取相应的行动。这个方法很简单，但能产生出色的见解和点子。

不利之处：快速提出创意。

经验要求：中量级创意者。

伯格认为，讲故事也是共享内容的关键因素。故事就像特洛伊木马——信息披着闲谈的外衣进行传播。人们更愿意分享的是令人难忘的故事，而不是产品的技术细节和参数。

讲故事是一种最传统的分享方式之一。但是，实际操作中，你如何讲述品牌、产品、服务或你自己的故事？

我喜欢讲故事，它有利于激发创意，而且有助于针对某一问题，找到意想不到的解决思路。

发现创意工具7：像创意总监一样思考

佩特拉·萨默尔是畅销书作者、故事叙述专家兼全球顶级公关公司凯彻姆欧洲区的创意执行总监。她指出："讲故事让整个大脑运转起来。"以下是她在采访中提到的"如何让故事变生动"的3种方式。

（1）改变视角。

如何做：头脑风暴会议中公开阅读一则故事。比如，一个品牌或一家公司的创建史。将团队分成2人或3人小组，让每个小组从不同视角重述这个故事，比如，从创始人妻子的视角，或是从孩子的视角。随后，团队成员互相分享。

得到什么：新的故事视角和大量乐趣。

（2）改变语气与风格。

如何做：头脑风暴会议中公开阅读一则故事。比如，像上面一样，讲述一个品牌或一家公司的创建史。所有参会者（或小组）用不同风格重述该故事，如漫画小说、图片故事、爱情故事或是西部牛仔风格。挑选最喜欢的风格讲述该故事。最后团队成员相互分享。

得到什么：对企业品牌新的认识和感触以及更多乐趣。

（3）改写演讲。

如何做：许多汇报文件和演讲稿用“公文”写成，长句、复杂句居多。头脑风暴的参与人员必须手持文稿、看完演讲或视频，然后使用“正常文体”重述演讲内容。把演讲转换为生活用语（比如，与面包师傅、朋友或母亲的谈话方式）。

得到什么：讲故事需要“生活”语言，而许多经理人在工作中忘记了如何使用这类语言（或者，他们过于害羞，觉得直白、简单的生活用语听起来“很愚蠢”）。因此，商务人士需要和同事一起练习生活用语。这听上去很简单，但并非如此。

发现创意工具 8：像皮克斯一样思考

像皮克斯一样思考是什么样子？艾玛·高施曾是皮克斯动画的分镜师兼导演，参与制作了影片《勇敢传说》和《怪物大学》。几年前，她在推特网上分享了一系列工作经验，随后形成了“22 条讲故事规则”。这些规则不仅有益于任何初露锋芒的作家，而且是一种克服创意困境的新方法。例如：

规则 8：“写完你的故事，即使它并不完美。既完整又完美是一种理想，但你要坚持下去，争取下次写得更好。”这条建议对创意大有益处。

规则 22：“故事的本质是什么？哪种讲述方式最经济、最有效？如果知道答案，就从那里出发。”这条规则与上文提到的“一个词”技巧相似——直截了当地戳中了项目概述、问题的本质以及目标受众的需求。

如何做：提取每个句子的“句头”，然后借此激发想象并建构出新的故事。

- 很久以前，有……

- 每天……
- 有一天……
- 因此……
- 就是这样……
- 直到最后……

第一次可以抱着玩的心态使用这种叙事方法。试着用这种方式写一则故事，主题不限。头脑风暴会议中可以使用这种方式让参与者“热热身”。

第二次，利用新的故事结构来挑战产品/服务或现有故事。试着从某位（或开心或不满）的消费者或潜在客户的视角编写这则故事。

为何有效：这种方法通过故事结构来引导思维方式。它探讨了行为的后果，并带来全新的视角。皮克斯因此受益颇多……

好处：让大脑“预热”。有人曾问，如何“创造性地拖延时间”——瞧！又一个新视角。通过某种约束性来改变问题的思路。想象你以后想要（或不想要）的是什么。

不利之处：主持人缺乏信心、团队思维闭塞。需要把想到的点子当作起点。

创意等级：创意新手（单独），中量级创意者（组队）。

图 8.6 寻找解决方法

求解工具

问题的关键从来不是这个创意是什么，而是这个创意能够带来什么。

——迪恩·普尔

思考你上一次提出的创意。什么创意？你通过什么标准判断它是否有创意？

我经常使用羡慕程度来判断创意点——好的创意会让我感到："哦，真希望我能想到这一点！"如果你阅读了本书第四章，你会发现，人们的第一反应往往来自情感（系统 2），而非逻辑（系统 1）。

巴里·杰·吉布在《大脑简明指南》(2007)一书中写道：……当大脑在大量选择中进行活动时，情感通过快速分析某一选择的结果，进而决定该选择是通过还是否决。然而，无论如何，情感在决策中发挥的作用不能被无限放大。

这些工具让人们意识到一切都是无意识的，进而提供实用建议来平衡情感和逻辑思维。

无论是科学家、法官、服装设计师还是营销人员，重要的是坚持客观。进行选择就是"个人品位和喜好与思维和意识产生冲突的过程。这需要想象力、领导力和信任，也会不可避免地引发冲突"。

求解工具1：评估矩阵（伊萨克森等，2011）

评估矩阵是什么？一种源自创意解决方案的系统工具，用以按已约定的标准来评判成型的创意点。

如何做：创建矩阵。在矩阵左边列出想要评估的各个选项。确定评估标准，并写在矩阵上方。自定义选择评分系统，比如0～10打分。

是逐行（竖向）推进，而不是隔列（横向）进行。如果确定了个人偏好的选项和标准，你可能会因光环效应而打高分（伊萨克森等，2011）。

选项和标准框定在一个可系统完成的句子中："如果……在某种程度上，它……"（伊萨克森等，2011）。

为何有效：该矩阵不仅可作为一个简单的"数字游戏"来评估创意，还可以测试其优劣之处，以提升点子的可行性。

为了谁：任何想要在开放思维的状态下，评估多种选择或创意的人。

经验要求：创意新手。

我也会采用爱德华·德·博诺提出的"6顶思考帽"——一种获得不同视角并进行测试的方法。该方法在网上被广泛使用，如果尚未做好准备，值得一试。

求解工具2："谋杀委员会"（迈克尔科，2006）

"谋杀委员会"是什么？借鉴美国中央情报局的做法，组建"谋杀委员会"——由一群与创意观点无利害关系的人员组成，目标是"终止"糟糕的创意。

如何做：请委员会无情地批评你的创意，寻找漏洞，用各种难题考验你。此举的目的在于扼杀那些存在致命缺点的创意，或是激活有潜力的提案。因为如果现阶段不能解决这些棘手的问题，那么后期推进就可能付出更大代价！

为了谁：任何想检测创意点漏洞的人。

好处：有利于点子安全度过萌芽期；有利于获得客观、真诚的外部意见。

不利之处：在创意过程早期阶段进行，此时点子尚未成型、比较脆弱。

经验要求：创意新手。

真实世界的“谋杀委员会”

在完全否定某个创意之前，我会先了解其中 3 ~4 个较成型的概念。几年前进行的一个大型营销活动中，我们举办了一场“批斗会”，邀请所有项目参与者扮演“谋杀委员会”的角色，来评判活动的 6 个创意。每个参与者每天花费 5 分钟时间在公示栏中写出疑问或评论。当天晚上，6 个创意被 30 多位“刺客”点评，根据这些反馈，我们扼杀了个别创意，选出了更具潜力的方案。最终这次营销十分成功（10 张幻灯片换来 100 万英镑），可以肯定的是，正是这种谋杀级的“监察”保证了最终效果。

求解工具3：个人技巧训练单

根据第一章“定义”的内容及本书探讨的其他概念，在评估个人或他人创意时可尝试下列做法：

- 是否新奇？按10分制打分。
- 是否令人惊喜？按10分制打分。
- 对谁有价值？
- 是否有背景故事？
- 是否有更高目标？
- 是否具有感染性？
- 人们会乐于谈论吗？
- 是否会影响文化？
- 是否符合最初的要点和目标？
- 是否可行？
- 是否符合预算？
- 会带来改变吗？
- 寿命如何？

思考你的创意评价标准并进行补充。

技术与未来

以下内容探讨技术对创意思维的影响以及未来的头脑风暴会如何进行。30年前，互联网尚未流行。如今，科技无处不在，日常使用的各种数字工具如笔记本电脑、手机等，让我们获得了前所未有的创意灵感和工具。伦敦卡斯商学院互动创意系统设计高级讲师萨拉·琼斯博士在采访中提到了她所偏爱的技术工具："技术不断变化，因此，技术工具的具体用途也在不断变化。谁能猜到未来 30 年内，人工智能、机器人、物联网、大数据和区块链技术会变成什么样？"所以，今天，我想讲一讲如何选择工具，并举例说明如今的技术能够带来哪些帮助。

如何选择个人工具

所以，当你选择某种技术工具时，首先考虑哪个创意环节需要数字或技术工具的帮助，哪些环节人类自己就能完成（参见第三章"机器人能够替代你的工作吗？"）。计算机擅长处理数据、储存或调研海量信息，但如果没有人类情感的帮助，工具的效果也不会十分出彩。需要思考：什么时候需要用数字笔、便利贴或白板？什么时候应该坚持传统的老方法？

过去几年，能够用于白板、电脑或普通纸面的数字笔在技术上取得了长足进步，但仍需进行设置，因为大多数人尚未熟悉这种即时使用的"非数字设备"的灵活性。随着工具和功能的多样化，数字便利贴也应用于多种场合，比如，提供最佳书写体验的"便利贴 +"，用户可以使用传统的笔或者数字笔随时记录自己的想法，然后电子读取。你可以随时与没有与会的同事进行交流互动，重新组织观点，并录入下一个项目的电子文档中。

最后需要考虑的是，特别开发利用的工具对创意过程能够带来何种程度的影响。当然，正如上文介绍的，日常使用的电子工具也能参与到创意过程的某个环节，并对营造创意氛围发挥较大作用，比如分享信息、沟通、策划等。但是，越来越多的创意工具或多或少有着明确的专业级趋势。例如，免费使用的内容设计程序 Canva，用户不需要任何设计技巧，便可轻松地把有创意的演示文稿、海报、博文和图片结合起来，这真的很实用。

可以在线下载思维导图工具，比如，Coggle，Stormboard 和 Popplet，你可以通过这些平台在线分享观点，或用于创意讨论会之后的沟通。较之传统的信息搜索方法，Yossarian 之类的搜索工具提供了在线调研的新方法。

创意研究专家特德·鲁巴特的研究表明，不同的电子工具适用于不同的创意环节。特德认为，基于计算机功能的工具能通过以下 4 种途径增强创意能力：像贴心的奶妈一样（帮助项目策划等事务），笔友（更好地与你进行沟通），同事（在你遇到困难时，帮你寻找解决方案），以及教练（提供你可能会利用的工具的实用信息）。本节内容将着重探讨既是教练又是同事的创意工具。

工具：数字教练

数字教练是什么？多个数字平台可帮你选择适用于各创意环节的工具或技巧，并指导你如何操作。应用程序“创造性纸牌”，是根据罗格·范·奥驰的科研成果和艾迪欧公司的思维设计方法创建的，它能针对不同的创意项目提供不同的指导方法和技巧，可直接在手机上使用。

如何做：下载应用程序或访问网站，即刻尝试！

为了谁：适用于所有人。

需要什么：能够联网的智能手机。

得到什么：针对如何使用各种创意工具和技巧提出建议，有时候会推荐一些对项目帮助巨大的工具或技巧。

经验要求：创意新手。

工具：数字伙伴

数字伙伴是什么？每周都会出现新的应用程序和网站，所有平台的设计理念都是为用户提供一些现有的、经过测试的或者你已经知道的思维方法和工具。其中，一些平台仅提供便捷的数字服务，比如，可在网站下载创意工具 Brightsparks，它能提供名人名家的经验和技巧。有的工具能够帮你解决难题，比如，护理工具 Carer 的设计宗旨就是帮助老年痴呆症护理人员提供家庭护理的创意解决方案，该工具通过分析源自相关行业优秀案例的庞大数据库，使用日常语言处理，并经过逻辑推理匹配合适的创意解决方案。

如何做：有些创意工具，比如 Brightsparks，可直接下载 App 或访问官网。而 Carer 之类的护理工具则需要更专业的行业知识，才能合理使用。

为了谁：有些工具适合所有人，有些专业级的工具则适用于具体行业。

需要什么：能够联网的智能手机、平板电脑。

得到什么：有助于激发创意。

经验要求：创意新手或中量级创意人员。

表 8.3　创意工具汇总表

工具	关键问题	根据以下创意工具的可利用程度，按 10 分制进行打分。找时间尝试那些从未用过的新工具
头脑风暴	你如何使用工具来管理并设计头脑风暴，引导不同性格的员工，鼓励他们解决当前的挑战	
问题陈述	你是否充分认识了当前的问题，是否能够写出感染他人的问题陈述	
移情图	以目标受众或个体需求的角度反问自己	
“一个词”	提炼问题的本质	
身份盗用	谁能帮你找到新的问题解决视角	
关联世界	其他领域或相关人员有无处理过类似问题	
随机刺激	哪种新的、未知的刺激元素可以积极影响你的思维方式	
打破玻璃以防紧急情况	利用挑衅打破创意僵局	
源自情感，好运	如何利用不同情绪激发创意	
探寻情感核心	别人如何关注你的创意或产品	
像创意总监一样思考	你能否使用讲故事的方法，讲述一则有趣的、便于传播的故事来推销你的产品或服务	

（续表）

工具	关键问题	根据以下创意工具的可利用程度，按 10 分制进行打分。找时间尝试那些从未用过的新工具
像皮克斯一样思考	你如何利用简单的故事结构来激发思维能力	
评估矩阵	系统地评估你的方案	
“谋杀委员会”	关于你的创意，你最恶毒的批评会是什么	
个人技巧训练单	借用他人或自己创建清单来评价创意	
技术	你是否会跟着科技发展的节奏，不断更新技术以激发创意能力	

要点回顾

思考本章的创意工具：

- 你的弹药库中是否有新型创意工具？你是否知道何时何地使用这些工具？
- 哪种创意工具的吸引力最大？
- 你何时会尝试利用新的工具来激发创意？
- 尝试新事物时，你的自信程度有多少？
- 有无当前就能利用的、可对团队和企业产生积极影响的新工具？
- 创意团队或公司使用创意工具时有无遇到阻碍？你如何克服这些阻碍？

本章小结

本书谈论的是创意艺术与科学，在我看来，尤其对于团队来说，寻求工具和使用工具往往会产生冲突。正如上文所说，可通过不同方法来选择合适的、不仅能解决当下困难还能学到技巧的创意工具。

即使已经有了第一次经验，也要坚持尝试新事物。初次使用新的创意技巧，就像学习吉他和弦，或是尝试做一道新菜，你必须坚持练习才能达到炉火纯青的水平！

第九章　内容整合

> 如果我们始终等待别人，或等待其他时间，那么，改变永远不会到来。我们就是自己一直在等的人。
>
> ——巴拉克·奥巴马

你已经读到这里

或者，你可以翻开书，直接阅读这一章节。不论怎样，我尽力想让本书容易理解，所以，这是本书最重要的章节。

> 只要有自我意识，人们就有 50% 自我管理的可能性；只有 4% 的人没有自我管理能力。
>
> ——布克尔和博亚齐斯

本章介绍了各种创意指导问题和技巧，有助于激发个人、团队或企业的创意潜力。现在开始吧！

那么，你想把着重点放在哪儿？

（1）个人创意能力；

（2）激发团队的创意能力；

(3) 营造企业的创意氛围。

本章内容有以下几种利用方法。

直接告诉我多少钱

可以跳过建议，直接关注下一步做什么。根据本书提到的各项研究和创意元素，我分别针对个人、团队、企业和领导层提出了潜在创意公式。

如果你想根据书中的测试进行反思，首先对自己的优势和劣势进行评估，以形成自己的创意公式，那么，你也可以这样做。

明确自己的优劣势

或许你已经系统地完成了本书的创意测试，或是已经对感兴趣的领域有了深入了解。读完本书，你会考虑以下问题：

- 目前，你最为擅长的是什么？一起探索如何更好地发挥你的优势。
- 你的盲点是什么？更多的关注点会为你的创意投资带来巨大回报。毕竟，走出舒适区才是创意的本质！
- 来吧，水温刚好（是时候开始了）。

如果你已经进行了各章节的练习并记录了自己的想法，那么，请把自己的得分填入下列表格中。

列出你在两方面的得分：个人最大优势，以及有关价值观、个人、文化和目标等 4 个章节所介绍的发展空间最大的创意领域。

以下得分表可作为参考：

表 9.1　价值观（参考）

章节	最大优势及得分	发展空间最大的领域及得分
价值观	自由 9	毅力 7
个人	失败 7	反叛 3
文化	领导力 8	观点认可 2
目标	社会效益 6	金钱 5

把你的得分写在下面：

表 9.2　价值观

章节	最大优势及得分	发展空间最大的领域及得分
价值观		
个人		
文化		
目标		

或许你想首先为自己工作，然后为团队或公司的利益工作。比如，你认为冒险是最好的个人选择，但这或许并不适合你的公司。

查看你的得分

- 你第一眼注意到的是什么？
- 思考自己的优势——创意无限的时候，你喜欢的是什么？
- 你的发展方向是什么？你打算如何提升自己的得分？列出你的目标行动并写日记。
- 如果知道自己会成功，你会怎么做？
- 看完得分后，列出 3 件你最想做改变的事情。
- 设想未来 3 ~6 个月会做出什么改变。

- 假设一年后的你正在给现在的自己写信——你会实现哪些目标？有哪些改变？你的创意能力会变得怎样？
- 如果必须从本书的“元素周期表”中选择一个你最感兴趣的元素，你会选择哪一个？
- 你应该对自己的创意动力和实力有清晰的了解，重点考虑有助于形成自己创意公式的那些元素。

你个人的创意公式是什么？

结合大脑系统 1 和系统 2 思考组成个人创意公式的 3 种元素：思维、情感和大脑（或其他）——也可能是你的优点、缺点与兴趣点。

例如，根据个人目前所处的位置——我的优势和利益最大化原则，我的创意公式由好奇心、动机和社会效益三者组成。

社会活动家杰姬·林顿的创意公式由勇气、金钱和社会效益组成，反映出她的优势、最大的发展领域及兴趣。

而伊丽莎白·勒维丝的创意公式由好奇心、孵化和热爱构成。

你的个人创意公式是什么？

提升个人创意能力的必要元素

个人成功创意 = 开放 + 自信 + 动机。

- 培养开放的心态。
- 相信自己，相信自己的点子，并相信自己能够把它推销出去。

- 保持好奇、热情，追随自己的目标。

针对个人的关键问题：

- 翻阅杂志或剪贴簿，同时记录自己什么时候创意丰富，什么时候思维不活跃。为什么会如此？
- 哪个创意元素在发挥作用？
- 请思考：是否需要创意导师或同事的指导？
- 你是否完成了书中的创意测试？
- 思考自己的优势——当富有创意点的时候，你最喜欢的是什么？
- 你在哪些方面可以进一步提升？你如何提升自己在那一方面的得分？列出行动计划并坚持写日记。
- 短期内，你能做什么？列出下个月能够完成的 3 件事。
- 你的长期目标是什么？

创意测试

我们会成为偶像

思考谁是你的创意偶像——那些令你钦佩的、令你震撼的、能够激发你的创意能力的人。或许是你的同事，或许是某位音乐家、科学家、艺术家或朋友。当你想要提升自己某方面的能力（尤其是最大的弱点），是否可以找到该方面能力较强且能够提供指导的人？列出他们的名字。

至少列出 3 位偶像。你写的是谁？你敬佩的是哪种品格？列出他们的优点。

3位偶像是否有共同点——是否包括本书提到的价值观？我的偶像及其品质包括：冰岛歌手比约克的勇敢和自由精神，英国设计师亚历山大·麦昆的视野和胆识，艾米琳·潘克斯特打破常规的勇气，记者克里斯蒂安·阿曼普尔的好奇心，以及我奶奶拥抱生活的态度。这些能够激发我无限的创意。所有这些品质都有助于提升我的创意能力。

思考你敬佩的偶像，以及能从他/她们身上“窃取”哪种创意能力以完成自己的工作。你能否找到一位令你钦佩的创意导师？

召集你的创意委员会。

如果你喜欢，可以从3位偶像中挑出一位，把他/她的照片贴在你能看到的地方。当你需要创意灵感的时候，试问你的“创意委员会”将如何解决这个问题，然后你可以换个新视角，把他/她们的建议运用到创意挑战之中。

提升团队创意能力的必要元素

团队成功创意=愿景+协作+自由。

- 为团队设计一个共同的创意目标和愿景。
- 拥抱多元思想。明确团队分工和任务安排以增强协作。
- 自主独立有多种形式——犯错、做决定、失败、探索、灵活工作、否定、打破规则、时间自由和选择工作环境。

针对团队的关键问题：

- 你如何评价团队当前的创意方法？
- 团队有无某些程序/流程？

- 提升创意能力对你的团队来说有多重要？
- 谁负责激发团队的整体创意能力？
- 团队在短期内会做什么？列出下个月要做的 3 件事。
- 团队的长期目标是什么？
- 确保团队能够发挥多种职能，能够始终利用多样性。
- 无论是在工作中还是生活中，组建一个创意讨论小组。

启动小组对话

组织一场线下讨论，探讨书中介绍的创意主题和测试，为团队做出具体规划。

根据第五章奥多比公司 Kickbox 入门套件的创意，设置自己的创意工具，包括：

- 金钱。拥有 1000 美元的预付信用卡作为创意启动资金。
- 工作指南——一份流程检查表，思考小组当前的创意方法（或第八章介绍的方法）来设置自己的创意指南。
- 工具——可选择第八章介绍的工具并加以改进利用。

星巴克的礼品卡和巧克力——团队前进的动力是什么？

提升企业（领导、管理和人力部门）创意能力的必要元素

是企业领导不能忽视的几个元素。

领导能力成功创意 = 领导力 + 愿景 + 信任。

- 领导需要有追随者。
- 一个共同的愿景能够激励员工追随自己。

- 信任是冒险、辩论等其他所有创意行为的基石。

针对企业领导层的关键问题：

- 如果你是创意总监，员工追随你的理由是什么？
- 你为员工营造或提供的愿景是什么？
- 员工的创意和创新目标及回报是什么？
- 你为员工设定了什么工作目标？
- 企业价值观是否与创新思维一致，员工是否充分理解了企业的价值观？

大问题：为什么要追随你？

作为创意项目负责人，你首先需要回答能够让员工信服的大问题：为什么？为什么要推陈出新？为什么要追随负责人？以下3种回答方式供参考：

（1）你的立场是什么？

- 思考第一章“价值观”——你最认同的是哪一个？
- 哪件事（最好是你自己的亲身经历）最能体现出你所认同的价值观？
- 你能否用新颖、原创的方式叙述那件事？

（2）你为员工提供了什么目标以增强他们的信念？核心目标是工作的动力。就像一颗启明星，你永远在追随但无法触及。它可以：

- 激发改变。
- 推动进步。
- 捕捉员工或企业的精神。
- 指导决策过程。
- 找到解决方案。

(3) 我们为什么走到一起？

这不是数字、结果、后果，也绝对无关金钱。回答这个问题可从一个简单的任务陈述开始：

- 我们要做什么？
- 为谁而做？
- 需要哪些价值观？

尝试着回答这些问题，试问“它的重要性是什么？”连续反问5遍。

当回答十分简单（通常是3~5个词）的时候，你会豁然开朗、有所发现，因为它能带来灵感。当你有了灵感，就能激发别人的创意能力。

未来怎么样？你有什么样的期望或愿景？

首先，提供一个大胆的创意目标——包含挑战成分，然后要求员工完成它。就像描述一座正在攀爬的高山。最好是能够衡量的无关财务的目标。

如何实现这一目标？你的期望是什么？

思考实现目标的方法。想象多种可能性，并描述出来。说出实现目标的具体过程。尽最大努力，并尽可能使用感官词汇进行目标讲述。

你自己如何看待？别人如何看待？如何聆听？感受？或关注？

就像讲述一次旅行，并从山顶观察万物。

最好的方法是准备一叠便利贴，把每个回答写在上面，不用进行删改。一旦你想出点子，按类别记录，并糅合成一个故事。如果你偏爱视觉化呈现，可以用一系列能够反映主观感受的图片来展示目标。

提升企业创意能力

稳固领导力之后，几种不可忽视的元素

企业成功创意 = 自由 + 风险 + 动机。

- 独立自主具有多种形式——犯错、做决策、失败、探索、灵活工作、否定、打破规则、时间自由及可选择工作环境。
- 冒险意味着在尝试新事物和保险处理之间进行选择。
- 员工的动力主要受到领导层和管理人员的影响，后者甚至主导着员工的创意和创新能力。

针对企业的关键问题

- 企业是否有共同的创意理念？参见第一章中喜力啤酒公司和谷歌公司如何借助共同的理念来提升员工的凝聚力，也可以利用库泽斯和波斯纳的“信条”备忘录。
- 企业的每一位员工是否分享并充分理解这一理念？
- 提升创意能力对企业来说有多重要？
- 谁负责激发企业的整体创意能力？
- 预算是多少？考虑时间和金钱因素。
- 截至目前，你认为第五章的哪些因素对公司创意成功（或挑战）产生了影响？
- 企业是否设立了创意或创新目标？如果没有，设置若干目标。
- 企业是否鼓励争辩和提出异议，并控制在可管理的范围

之内？

- 企业是否鼓励员工承担风险，以及应对风险？
- 企业如何培养员工之间的信任？
- 目前（或未来）企业会采取哪些措施和流程来给予员工自由？

针对人力资源的问题

我在与诸多创意团队的合作中发现，人力资源部门往往不重视员工的评估、奖励和激励措施。

如果想把日常工作和创意产出紧密联系起来，可考虑以下几个方面：

- 招聘——你在面试环节如何测试面试者的创意能力？
- 培训——目前是否有正式的创意技巧培训项目？
- 评估——有无创意奖励措施？
- 激励——如何认可、奖励和激励创意？是否考虑内部和外部动机？
- 薪酬和奖金——有无创意或创新的财务激励措施？
- 名声——企业在创意和创新方面的名声如何？
- 态度——是否使用心理测量工具来评估员工的创意态度？

无论是个人、团队还是企业，根据 SMART（S：具体、M：可衡量、A：可实现、R：实际、T：有时限）法则分别设置短期、中期和长期目标。

尽管你已经阅读到了本书的最后，但你将开启下一个创意旅程的起点。使用本章的问题或书中其他话题，与志同道合的朋友、同事或领导一起探讨：如何实现自己的创意野心。

有一种活力、一种生命力、一种能量、一种复生，传遍你的全身且转化成行为——因为你是独一无二的，所以这种表达也是独有的。如果你不说，那么它永远不会通过其他媒介流传，并最终消失殆尽。世界再也不会有。

——玛莎·葛兰姆

后　记

在发挥自己的优势之前，你必须认清自己的优势是什么。在你整合精神资源之前，你必须知道它们的极限在哪儿。当汽车汽油消耗殆尽的时候，当你走进创意死胡同的时候，有效的做法就是：迅速集中精力并重新规划路线。实现创意的路上，请牢记那句古希腊格言："认识你自己。"

留出时间思考：采取行动、成长和前进的原因是什么。本书是我个人对叫作创意的某种神奇物质的研究结果，并分享了我在该领域一线的调研和工作经验。在本书的编写过程中，我不得不使用自己的建议——面临困难之时，继续深入并坚持下去；承认自己会犯错，从痴迷于某一事物到被否定，再到最后完成，这都是创意过程的必要部分。

随着科技、神经科学和心理学的不断发展，针对创意的研究和理论思考也在不断深入。日常工作中，最令我感到欣慰的是看到职业人员提升了自己的创意能力，看到他/她们提升了自信，利用创意工具简化了创意挑战，甚至脑中一片空白的状态也变得不再可怕。

在此，祝读者的创意工作一切顺利，同时也欢迎您能提供反馈。可在网站分享个人经历，或关注推特账号@ nowgocreate 与我进行交流。欢迎分享创意元素周期表的使用心得及新元素的补充建议！